高等学校工业工程专业系列教材

# 柔性装配系统规划与实施

丁祥海　刘　广　阮渊鹏　编著

西安电子科技大学出版社

## 内 容 简 介

本书系统地阐述了柔性装配系统规划的基本概念、基本理论和方法,将柔性装配系统规划丰富的内容从装配任务、功能与过程、资源需求、结构化、布局规划等几方面系统地组织起来,形成系统化和基于情境驱动的装配系统规划模型。

本书可作为高等院校工业工程专业本科生的教材,也可作为广大工程技术人员和管理人员学习和培训用书。

**图书在版编目(CIP)数据**

**柔性装配系统规划与实施**/丁祥海,刘广,阮渊鹏编著. —西安:西安电子科技大学出版社,2019.8(2020.6重印)
ISBN 978 - 7 - 5606 - 5205 - 4

Ⅰ. ① 柔… Ⅱ. ① 丁… ② 刘… ③ 阮… Ⅲ. ① 装配(机械)—柔性制造系统—系统规划—高等学校—教材 Ⅳ. ① TH165

**中国版本图书馆 CIP 数据核字 (2019) 第 129975 号**

策划编辑 陈 婷
责任编辑 祝婷婷 陈 婷
出版发行 西安电子科技大学出版社(西安市太白南路 2 号)
电 话 (029)88242885 88201467 邮 编 710071
网 址 www.xduph.com 电子邮箱 xdupfxb001@163.com
经 销 新华书店
印刷单位 陕西天意印务有限责任公司
版 次 2019 年 8 月第 1 版 2020 年 6 月第 2 次印刷
开 本 787 毫米×1092 毫米 1/16 印张 12.5
字 数 295 千字
印 数 2001～4000 册
定 价 32.00 元
ISBN 978 - 7 - 5606 - 5205 - 4/TH

**XDUP 5507001 - 2**

* * * 如有印装问题可调换 * * *

# 前　言

随着技术的进步和消费者需求的提升，制造业逐步从规模化批量生产向定制化服务转变。制造商的商业模式也已从以产品为主转为以客户为主。随着市场需求的不断变化和人们生活水平的日益提高，制造业服务的特性日益呈现，即满足客户的个性化和多样化的需求，其主要表现有：① 消费个性化（产品多样化）。消费者的爱好及需求越来越多样化，企业只见品种型号的大量增加却不见产量的快速增长。② 小批量。市场总量在一定程度上基本不变，而产品多样化时，产品的产量自然会少，表现为订单多了，订单批量少了。③ 短交期。顾客要求的交货时间越来越短，企业不得不以短交期来应对快速变化的市场。总之，企业面临着向"多品种、小批量、短交期"的转变，生产方式需由批量生产方式转变为多品种小批量生产方式。装配是产品生产的最后环节，柔性装配系统是实现上述生产方式的重要途径。掌握柔性装配系统规划的基本过程和方法，是对工业工程本科专业学生的基本要求。

为了适应企业生产技术的进步，本书将基础工业工程、机械工程基础、项目管理、生产计划与控制、物流设施与规划、工程经济学、信息系统等相关课程的专业知识点结合起来，并将其应用于柔性装配系统规划的具体阶段，让读者更加直观地了解各知识点在装配系统规划中的具体应用，掌握装配系统规划中常用的方法和工具。本书的部分内容参考了德国一些大学相关课程的内容，融合了德国在柔性装配系统规划方面的基本理念和方法，具有较强的科学性和实用性。

本书分为9章。第1章阐述了装配的基本概念，重点阐述了装配过程中的主要连接形式及其工艺基本要求。第2章阐述了柔性装配系统的组成结构，将工人、工具和工位当成装配系统的核心要素，阐述了装配系统规划过程中"三工"的基本要求以及工业机器人在装配中的应用。第3章阐述了柔性装配系统规划的方法，将系统化分析和情境驱动相结合，分析了装配系统规划的项目特征、运作特征和生命周期特征，指出了柔性装配系统规划所需的工具、方法和服务。第4章阐述了装配任务规划，包括生产计划的种类、指标及其确定方法，介绍了产品结构树，以及零部件是自制还是购买的决策方法。第5章阐述了装配系统的功能和过程模型，包括生产计划指标与装配系统类型、装配流程图分析、设施预选等规划内容。第6章阐述了系统资源需求规划方法，主要包括设备数量需求、劳动力数量需求、面积需求和资金需求的定量计算。第7章阐述了装配系统结构化的方法，具体包括能力域分配、工位布置、工位之间的连接以及物料供应方式等。第8章阐述了装配系统布局规划，主要介绍了装配系统理想布局、大致布局和实际布局的基本特征和方法，以及工位内部以人因和工作经济性为准则的布局规划。第9章阐述了柔性装配系统实施过程，主要包括招投标管理、验收管理、作业操作指标数的建立、工作时间预设、培训计划的制订等。

杭州电子科技大学丁祥海老师确定了全书结构并统稿。第 1 章、第 3 章、第 5 章、第 6 章、第 7 章、第 8 章、第 9 章由丁祥海老师编写，第 2 章由阮渊鹏老师编写，第 4 章由刘广老师编写。

德国斯图加特大学教授、夫朗恩霍夫协会工业工程研究所（IAO）前所长 Hans - Peter Lentes 先生在杭州电子科技大学给工业工程专业学生讲授"工程技术管理""工厂组织"等课程多年，作者曾旁听了部分课程，受益匪浅。在 2010—2011 年，Lentes 先生还和杭电工业工程系老师一起，建设了现代工业工程实验室。书中的一些思路和方法，受到了这些课程内容的启发，部分例题采用了实验室建设过程中产生的数据。在此诚挚地感谢 Hans - Peter Lentes 先生。

本书在编写过程中参阅了大量中外文参考书和文献资料，主要参考文献已列在书末。在此对文献资料的作者表示衷心的感谢。

由于编者水平有限，书中不妥之处在所难免，敬请读者批评指正。

编　者

2019 年 4 月

# 目　　录

# 第 1 章　装配基本知识

　　装配是通过连接操作把具有一定几何形状的物体组合到一起。"装"是组装、连接，"配"是仔细修配、精心调整。产品装配是指按规定的技术要求，将零件或部件进行配合和连接，使之成为半成品或成品的工艺过程，也就是把已经加工好并经检验合格的单个零件，通过各种形式，依次连接或固定，使之成为部件或产品的过程。产品装配是制造过程中的最后阶段，装配工作的好坏，对产品质量和使用性能起着决定性的作用。

## 1.1　产品装配的基本概念

### 1. 产品装配单元

　　产品应能分成若干个独立装配的装配单元。从过程角度来说，产品的装配单元可划分为 5 级，即零件、合件、组件、部件和产品，它们之间的关系可以用装配单元系统图来表示，如图 1-1 所示。其中合件亦称结合件，它是由两个或两个以上零件结合成的不可拆卸的整体件；组件是若干个零件和合件的组合体；部件是由若干个零件、合件和组件组合成的能完成某种功能的组合体。除了零件之外，每一级装配单元在装配时都可以单独进行装配。在装配时，以某一个零件（或合件、部件）为基础，这个零件（或合件、部件）即称为基础件，其余的零件或合件及组件或部件按一定的顺序装配到基础件上，成为下一级的装配单元。由于在总装配之前可以单独进行部件装配，因此部件装配后就可以进行部件试验和调整，从而为提高产品质量和保证其性能打下了良好基础。这样还有利于企业之间的协作和产品的配套，易于组织部件（总成）的专业化生产。

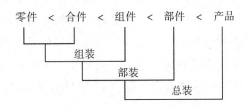

图 1-1　产品装配基本过程

### 2. 装配定位基准

　　零件在装配单元上的正确位置，是靠零件装配基准（基面）间的配合和接触来实现的。因此，为使零件正确定位，就应该有正确的装配基准，而且装配时的零件定位也应符合六点定位原理。在装配过程中，工件在夹具或平台上定位时，用来确定工件位置的点、线、面，称为装配定位基准。装配常以零件、部件的内外表面，已加工的孔及纵环向基准线，构件中心线进行定位与找正。一般根据以下原则选择装配定位基准：

（1）尽可能选用设计基准作为定位基准；

（2）同一个构件上与其他构件有连接或装配关系的各个零件，应尽量采用同一定位基准，以保证构件安装时与其他构件的正确连接或配合；

（3）应选择精度较高又不易变形的零件表面或棱线作为定位基准，这样可以避免由于基准面、线的变形造成的定位误差；

（4）所选择的定位基准应便于装配过程中工件的定位与测量。

图 1-2 所示为容器上各接口间的相对位置。接口的横向定位以筒体轴线为定位基准。接口的相对长度则以 $M$ 面为定位基准。若以 $N$ 面为定位基准进行装配，则 $M$ 面与接口 I、II 的距离分别由 $H_2-h_1$ 和 $H_2-h_2$ 两个尺寸来保证，其定位误差是这两个尺寸误差之和，这样会使误差增大。

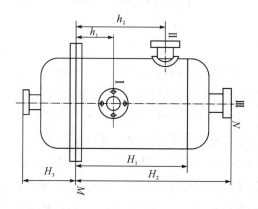

图 1-2　定位基准

装配工作中，工件和装配平台（或夹具）相接触的面称为装配基准面。通常按下列原则进行选择：

（1）曲面和平面同时存在时，应优先选择工件的平面作为装配基准面；

（2）工件有若干个平面时，应选择较大的平面作为装配基准面；

（3）选择工件最重要的面（如经机械加工的面）作为装配基准面；

（4）选择装配过程中最便于工件定位和夹紧的面作为装配基准面；

（5）在实际装配中，基准的选择要完全符合上述原则，有时是不可能的，应根据具体情况进行选择。

在装配过程中，当发现问题或进行调整时，常需要进行中间拆装。因此，产品结构若能便于拆装和调整，就能节省装配时间，提高生产率。具有正确的装配定位基准是便于拆装的前提条件。图 1-3 展示了轴承外圈装于轴承座内和内圈装在轴颈上的 3 种结构方案。图1-3(a) 所示结构的工艺性不好，因为轴承座台肩内径等于轴承外圈内径，而轴承内圈外径等于轴颈轴肩直径，所以轴承内、外圈均无法拆卸。轴颈轴肩直径小于轴承内圈外径，或者在轴承座台肩处做出 2~4 个缺口，如图 1-3(b)、(c) 所示，则轴承内、外圈都便于拆卸。此外，当组件有几个表面需要装入基础零件（如箱体）的配合孔中时，不要同时进行装配，而应先后依次进行装配。

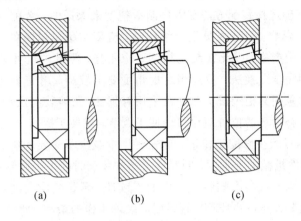

(a)　　　　　　　(b)　　　　　　　(c)

图 1-3　轴承座台肩与轴颈轴肩的结构

**3. 装配精度**

装配精度是装配工艺的质量指标,不仅影响机器或部件的工作性能,也影响它们的使用寿命。装配精度是制定装配工艺规程的主要依据,也是选择合理的装配方法和确定零件加工精度的依据。某些精度不是很高的零件,经过仔细的修配、精确的调整,仍可以装配出性能良好的产品。主要的装配精度包括零部件间的配合精度、零部件间的接触精度、零部件间的位置尺寸精度、零部件间位置精度、零部件间的相对运动精度。

(1)零部件间的配合精度:指配合面间达到规定的间隙或过盈的要求,它关系到配合性质和配合质量。此精度已由国家标准《公差和配合》规定。例如,轴和孔的配合间隙或配合过盈的变化范围等。

(2)零部件间的接触精度:指配合表面、接触表面达到规定的接触面积与接触点分布的情况,它影响到接触刚度和配合质量。例如,导轨接触面间、锥体配合和齿轮啮合等处,均有接触精度要求。

(3)零部件间的位置尺寸精度:指零部件间的距离精度,如轴向距离和轴线距离(中心)精度等。

(4)零部件间的位置精度:包括平行度、垂直度、圆轴度和各种跳动等。

(5)零部件间的相对运动精度:指有相对运动的零部件间在运动方向和运动位置上的精度。其中运动方向上的精度包括零部件间相对运动时的直线度、平行度和垂直度等;而运动位置上的精度即传动精度是指传动链中,始末两端传动元件间的相对运动精度。

零件的精度特别是关键零件的加工精度对装配精度有很大影响,而且装配精度与它相关的若干个零部件的加工精度有关。因此,要合理地规定和控制这些相关零件的加工精度,使得在加工条件允许时,它们的加工误差累计起来仍能满足装配精度的要求。这样做既能保证装配精度要求,又能简化装配工作。

如果单靠相关零件的加工精度来保证要求较高的装配精度,势必对加工精度要求更高,并将带来零件加工过程中的诸多困难。此时,应根据尺寸链的理论,建立装配尺寸链,使按较经济的精度所加工的相关零部件,可以通过采取一系列的装配工艺措施(如选择、修配和调整等），以形成不同的装配方法，从而保证装配精度。

装配精度是靠正确选择装配方法和零件制造精度来保证的。装配方法对部件的装配生产率和经济性有很大影响。设计人员设计结构时，应使结构尽量简单，如采用完全互换装配法装配，便可提高生产率。因此在装配精度要求不高，零件的尺寸公差能在加工时经济地保证时，都应采用完全互换法。只有当装配精度要求较高，用完全互换法会使零件尺寸公差过小时，才考虑采用其他装配方法。在采用补偿法（调整装配法和修配装配法）时，应合理地选择补偿环。补偿环的位置应尽可能便于调节，或便于拆卸。

为了在装配时尽量减少修配工作量，首先要尽量减少不必要的配合面，因为配合面过大、过多，会加大零件机械加工难度，同时还会增加装配时的手工修制量。其次装配时要尽量减少机械加工，否则不仅会影响装配工作的连续性，延长装配周期，还会在装配车间增加机械加工设备。这些设备既占空间，且易引起装配工作的杂乱。此外，机械加工所产生的切屑若不消除干净，残留在装配的总成中，极易增加机件的磨损，甚至会产生严重的事故而损坏整台机械产品。

**4. 产品装配工艺规程**

装配工艺规程是指导装配生产的主要技术文件，制定装配工艺规程是生产技术准备的一项重要工作。装配工艺规程的主要内容包括：① 分析产品图样，划分装配单元，确定装配方法；② 拟定装配顺序，划分装配工序；③ 计算装配时间定额；④ 确定各工序装配的技术要求、质量检查方法和检查工具；⑤ 确定装配时零部件的输送方法及所需要的设备与工具；⑥ 选择和设计装配过程中所需的工具、夹具及专用设备。

在制定装配工艺规程时，首先要保证产品装配质量，力求提高质量，以延长产品的使用寿命；其次，要合理地安排装配顺序和工序，尽量减少钳工手工劳动量，缩短装配周期，提高装配效率；第三，要尽量减少装配占地面积，提高单位面积的生产率；第四，要尽量减少装配工作所占的成本。制定装配工艺规程所依据的原始资料包括以下内容：

（1）产品的装配图及验收技术的标准。这包括产品的总装图和部件装配图，这些图能清楚地表示出：所有零件相互连接的结构视图及必要的剖视图，零件的编号，装配时应保证的尺寸，配合件的配合性质及精度等级，装配的技术要求，零件及总成的明细表等。为了在装配时对某些零件进行补充机械加工和核算装配尺寸链，有时还需要某些零件图。产品的验收技术条件、检验内容和方法也是制定装配工艺规程的重要依据。

（2）产品的生产计划。生产计划决定了产品的生产类型。根据生产类型的不同，装配的生产组织形式、工艺方法、工艺过程的划分、工艺装备的多少、手工劳动的比例等均有很大的不同。像汽车这样大批量生产的产品，应尽量选择专用装配设备和工具，采用流水线装配方法。有的装配区段还要采用机器人，组成自动装配线。对于品种多、数量不大的产品装配，则可以采用手工或者手工和机器混合的装配系统。对于不断变化的市场需求，则要求装配系统在产品品种和数量方面，具有一定的柔性。

（3）生产条件。当在现有条件下制定装配工艺规程时，应了解现有工厂的装配工艺装备、工人技术水平、装配车间面积等。如果是新建厂，则应适当选择先进的装备和工艺方法。

制定装配工艺规程的方法步骤如下：

第一步，研究分析产品装配图及验收技术条件。具体包括：了解产品及部件的具体结构、装配技术要求和检验验收的内容及方法；审核产品图样的完整性、正确性，分析审查产品的结构工艺性；研究设计人员所确定的装配方法，进行必要的装配尺寸链分析与计算。

第二步，确定装配方法与装配组织形式。选择合理的装配方法是保证装配精度的关键。要结合具体生产条件，应用尺寸链理论，同设计人员一道细致地分析机械加工和装配的全过程，确定好具体的装配方法。装配方法与装配组织形式的选择，主要取决于产品的结构特点（如质量大小、尺寸及复杂程度）、生产计划和现有生产条件。装配的组织形式主要分固定式和移动式两种。对于固定式装配，其全部装配工作在一个固定的地点进行，产品在装配过程中不移动，多用于单件小批生产或重型产品的成批生产。移动式装配是将零部件用输送带或移动小车按装配顺序从一个装配地移动至下一个装配地，各装配点完成一部分工作，完成全部装配点的工作总和即完成了产品的全部装配工作。根据零部件移动方式的不同，又可分为连续移动、间歇移动和变节奏移动装配这三种方式。移动式装配常用于大量生产时组成流水作业线或自动线，如汽车、拖拉机、仪器仪表、家用电器等产品的装配。

第三步，划分装配单元和确定装配顺序。将产品划分为可进行独立装配的单元是制定装配工艺规程中最重要的步骤。只有划分好装配单元，才能合理地安排装配顺序和划分装配工序。无论哪一级装配单元都要选定某一零件或比它低一级的单元作为装配基准件。通常应选体积或质量较大、有足够支承面、能够保证装配时保持稳定的零件、部件或组件作为装配基准件，如：床身零件是床身组件的装配基准件；床身组件是床身部件的装配基准组件；床身部件是机床产品的装配基准部件。汽车总装配是以车架部件作为装配主体和装配基准部件。划分好装配单元并确定装配基准零件之后，即可安排装配顺序。确定装配顺序的要求是保证装配精度，以及使装配连接、调整、校正和检验工作能顺利地进行，确保前面工序不妨碍质量等。为了清晰地表示装配顺序，常用装配单元系统图来表示。装配单元系统图是表示产品零、部件间相互装配关系及装配流程的示意图。

第四步，装配工序的划分与设计。装配工序确定后，就可将工艺过程划分为若干个工序，并进行具体装配工序的设计。装配工序的划分主要是确定工序集中与工序分散的程度。工序的划分通常和工序设计一起进行。工序设计的主要内容有：① 制定工序的操作规范，例如过盈配合所需压力、变温装配的温度值、紧固螺栓连接的预紧扭矩、装配环境等；② 选择设备与工艺装备，若需要专用装备与工艺装备，则应提出设计任务书；③ 确定工时定额，并协调各工序内容，在大批量生产时，要平衡工序的节拍，均衡生产，实施流水装配。

第五步，编制装配工艺文件。单件小批生产时，通常只绘制装配系统图，装配时按产品装配图及装配系统图工作。成批生产时，通常还需制定部件、总装的装配工艺卡，写明工序次序、简要工序内容、设备名称、工装夹具名称及编号、工人技术等级和时间定额等项。

第六步，制定产品检验与试验规范。具体内容包括：检测和试验的项目及检验质量指标，检测和试验的方法、条件与环境要求，检测和试验所需工艺装备的选择与设计，质量问题的分析方法和处理措施。

在产品装配方面，还有一些重要概念，如装配尺寸链等，有兴趣的读者可阅读相关书籍进一步了解。

# 1.2　装配的基本工作

装配的基本工作包括零件的清理和清洗，连接，校正、配作与调整，平衡，试车与验收等，如图 1-4 所示。

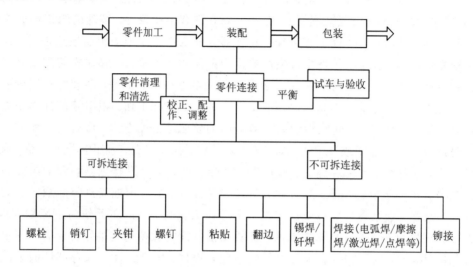

图 1-4　装配工作任务

**1. 清理和清洗**

零件清理和清洗的目的是去除黏附在零件上的灰尘、切屑和油污，并使零件具有一定的防锈能力。如果零部件装配面表面存留有杂质，则会迅速磨损机器的摩擦表面，尤其是对轴承、密封件、转动件损害大，严重的可造成机器在很短的时间内损坏。装配前，要清除零件上的残存物，如型砂、铁锈、切屑、油污及其他污物；装配后，要清除在装配时产生的金属切屑，如配钻孔、铰孔、攻螺纹等加工的残存切屑；部件或机器试车后，应洗去由摩擦、运行等产生的金属微粒及其他污物。

**2. 连接**

连接是装配的核心工作，包括可拆连接和不可拆连接两种。可拆连接包括螺栓固定、销钉固定、螺钉固定、夹钳等，用这种方法连接的元件，可以任意拆开，假如选用的工具正确，则拆开时不会破坏元件。螺栓固定、销钉固定和螺钉固定方法都需要钻一个孔，有的还要攻丝、冲孔或精铰，制造成本高，且需要配上成本高的紧固件，因此，除了在极重要的地方，尽量少用螺栓、螺钉和销钉。不可拆连接是永久性连接，包括粘贴、翻边、铆接、锡焊/钎焊、楔入固定、钩环铆死、焊接(电弧焊、摩擦焊、激光焊、点焊、超声焊)等，要拆开连接的元件需要破坏其中一个元件。

**3. 校正、调整与配作**

校正是指装配连接过程中相关零、部件相互位置的找正、找直、找平及相应的调整工作。调整是指调节零件或机构的相对位置、配合间隙和结合松紧等，如轴承间隙、齿轮啮合的相对位置和摩擦离合器松紧的调整，又如传动轴装配时的同轴度调整、径向跳动和轴向窜动调整。配作是指几个零件配钻、配铰、配刮和配磨等装配过程中附加的一些机械加工和钳工操作。其中，配钻和配铰要在校正、调整并紧固连接螺栓后进行。精度检验是指用检测工具，对产品的工作精度、几何精度进行检验，直至达到技术要求。

### 4. 平衡

对转速较高、旋转平稳性要求较高的机器，为防止其在工作时出现不平衡的离心力和振动，应对其旋转零、部件进行平衡。用试验的方法（静平衡试验和动平衡试验）来确定出其不平衡量的大小和方位，消除零件的不平衡质量，从而消除由此引起的机器旋转时的振动。产生不平衡的原因有多种，如材料内部组织密度不均或毛坯缺陷、加工及装配误差等。

### 5. 试车与验收

试车是机器装配后，按设计要求进行的运转试验，包括运转灵活性、工作时升温、密封性、转速、功率、振动和噪声等试验。

综上可以看出，装配工作多种多样，纷繁复杂。为了便于自动化，Kondolen（康多伦）对装配工作进行了系统的研究。他通过对若干不同产品及其零件进行多次分解和重装，发现有许多制造工作是相同的（见表 1-1）。

### 表 1-1　装配工作内容分类（改自：Kondolen，1976）

| 代号 | 内　　容 | 说　　明 |
|------|----------|----------|
| A | 单销插入 | 定位销（滑/推配合） |
| B | 推和旋转 | 卡口锁紧（四分之一转） |
| C | 多销插入 | 电子零件 |
| D | 插入销子和保持器 | 一个零件被另一个零件用键连接 |
| E | 拧螺钉 | |
| F | 紧配合 | |
| G | 取掉定位销 | A 项逆动作 |
| H | 翻转零件 | 使零件重定位 |
| I | 建立临时支撑物 | |
| J | 卷边 | |
| K | 取掉临时支撑物 | |
| L | 电焊或锡焊 | |

同时，他还发现装配的空间方位和工作内容本身同样重要，空间方位是决定自动化装配自由度的重要因素。最常见的装配工作内容是单销插入孔中，其次是拧螺钉，最常见的方向是向下，如图 1-5 所示（D1 表示垂直往下，D2 表示垂直往上，D3 表示水平，D4、D5 和 D6 表示其他方向）。Kondolen 的研究为装配系统自动化提供了理论支撑。

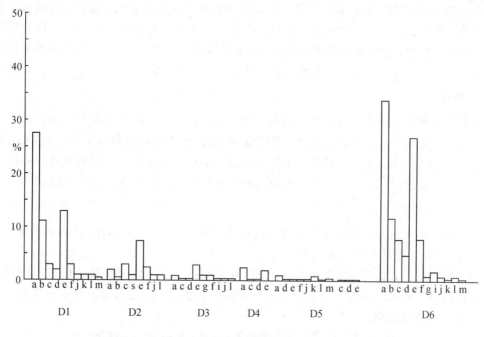

图 1-5　作业内容与方向(来自: Kondolen, 1976)

# 1.3　装配的零件材料

在一个典型产品中, 装配零件材料可能包含塑料、金属、印制电路板、电气元件、电子元件、导出线以及其他元件。塑料是在机电产品中应用最广的材料之一, 这种材料的主要缺陷是: 材料在加工和处理时可能被压碎和擦伤; 材料本身的质量优劣或加工质量不同, 会影响产品外观; 材料可能有飞边、变形或褪色等。金属可以用来制作板、弹簧、螺钉、轴等, 它们都要求采用先进的搬运技术, 因为这些零件大多要求准确地定位和插入部件的其他元件内。印制电路板以各种形式出现在大部分机电产品中, 因为印制电路板上零件通常是密集的, 而且因为线路占据了板上的大部分表面, 所以只能用它们的边来拾取。电气元件常常是密绕的, 如变压器和线圈, 由于其体积小而分量重, 故搬运时要求夹持稳固, 不能因为搬运中的用力使零件变形或损坏, 也不能在将一个电气零件装到另一个电气零件上时产生扭转现象。电子元件往往固定在带子上或装在特制塑料管里进入系统, 或者松散地进入系统(松散零件易造成各种问题, 应尽可能避免)。导出线在机电产品中应用普遍, 连接的方法有多种。导出线是柔软的, 自动装配难度大。导出线末端连接物可以是插头、锡焊点、螺钉或其他方式的接头, 这些连接物都要求导出线末端准确定位, 这种精确的抓取和定位目前还无法经济地完全自动实现, 只能采用半自动化或手动方法。其他元件包括泡沫塑料、热缩管材、黏结剂等, 这些零件往往用于特殊情况和特殊产品, 并且往往有其独特的搬运、处理方法, 若独特有效的方法尚未找到, 则按其经济性选用专用装置、半自动或手动装配。

材料紧固的各种方法在应用中有很多变化。如焊接可用来连接高压容器, 也可用于微电子学零件；黏结剂广泛应用于轻型材料、蜂窝状材料和塑料，有取代紧固件的趋势。不同的材料，可以采用的紧固方法有差异（见表 1-2）。

**表 1-2  材料紧固方法（来自：A. E. 欧文，1991）**

| 紧固方法 | 材 料 | | | | | |
| --- | --- | --- | --- | --- | --- | --- |
| | 金属 | | 塑料 | 陶瓷 | 合成橡胶 | 纸/纤维 |
| | 黑色 | 有色 | | | | |
| 黏结剂 | * | * | * | * | * | * |
| 翻边 | * | * | | | | |
| 铆接 | * | * | * | | | |
| 锡焊/钎焊 | * | * | | | | |
| 楔入紧固 | * | * | | | | |
| 钩环铆死 | | * | | | | * |
| 电弧焊 | * | * | | | | |
| 摩擦焊 | * | * | * | | | |
| 激光焊 | * | * | | | | |
| 点焊 | * | | | | | |
| 超声焊 | * | * | * | | | |
| 螺栓固定 | * | * | | | | |
| 钳夹固定 | | | * | | | |
| 销钉固定 | * | * | * | | | |
| 螺钉固定 | * | * | * | | | |

# 1.4  常用零件的连接形式

装配过程中，存在大量的连接形式，不同的行业所采用的各种连接方法的比例不尽相同。在机械制造和车辆制造中，各种连接平均值大概是：螺纹连接 68%、铆接 16.5%、压接 10.5%、销接 1.6%、弹性胀入 1.3%、黏接 1%、其他 1.1%。

## 1.4.1  螺纹连接

在所有的连接方法中，螺纹连接占最大比例。螺纹连接是通过压紧实现的连接，是一种可拆的固定连接。螺纹连接具有结构简单、连接可靠、拆装方便等优点，在机械中应用极为普遍。螺纹连接装配的技术要求：一是保证有一定的拧紧力矩，二是有可靠的防松装置。

### 1. 螺纹的拧紧

螺纹连接必须保证有足够的紧固性，螺钉、螺栓、螺母装配后的端面必须与零件的平面紧密贴合，以保证连接牢固可靠。拧紧成组螺栓、螺母、螺钉时，必须按照一定的顺序拧紧，做到分次、对称、逐步拧紧，否则会使螺栓松紧不一致，甚至使被连接件变形。例如拧紧长方形分布的成组螺栓（螺母）时，应从中间的螺栓开始，依次向两边对称地扩展；在拧紧圆形或方形分布的成组螺栓（螺母）时，必须对称地进行；如有定位销，则应从靠近定位销的螺栓(螺钉)开始,如图 1-6 所示。

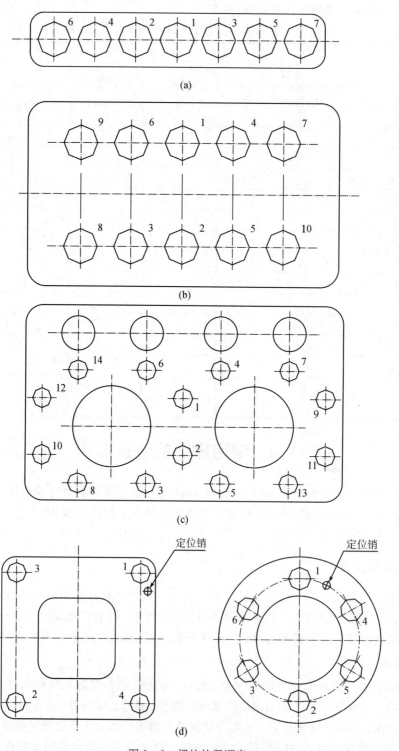

图 1-6　螺纹拧紧顺序

**2. 拧紧力矩的控制**

规定预紧力的螺纹连接，常用控制力矩法、控制螺栓伸长法、控制扭角法来保证准确的预紧力。

控制力矩法就是利用专门的装配工具进行控制，如指针式扭力扳手、千斤顶、气动定扭扳手、电动定扭拧紧机等。这些工具在拧紧螺纹时，可指示出拧紧力矩的数值，或达到预先设定的拧紧力矩时可发出信号或自行终止拧紧。

控制螺栓伸长法，在螺母拧紧前螺栓的原始长度为 $L_1$，按规定的拧紧力矩拧紧后，螺栓的长度为 $L_2$，测定 $L_1$ 和 $L_2$，根据螺栓的伸长量，可以确定拧紧力矩是否准确，如图 1-7 所示。

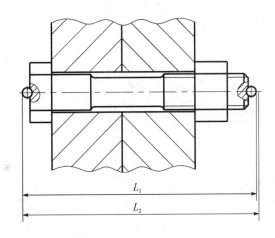

图 1-7　拧紧力矩的测量

控制扭角法的原理与测量螺栓伸长法相同，只是将伸长量折算成螺母被拧转的角度。

**3. 螺纹的防松**

在静载荷下，连接所用的螺纹能满足自锁条件，螺母、螺栓头部等支承面处的摩擦也有防松作用。但在冲击、振动或变载荷下，或当温度变化大时，连接有可能松动，甚至松开，这就容易发生事故。所以在设计螺纹连接时，必须考虑防松问题。

防松的根本问题在于防止螺纹副相对转动。具体的防松方法很多，就工作原理来看，可分为利用摩擦力、机械方法（直接锁住）、破坏螺纹副关系和粘接等。

（1）利用附加摩擦力的防松方法。该方法包括双螺母锁紧、弹簧垫圈锁紧、利用螺母末端椭圆口的弹性变形箍紧螺栓、尼龙锁紧螺母和楔紧螺纹锁紧螺母等。其中双螺母锁紧是先将主螺母拧紧，然后再拧紧副螺母。当拧紧副螺母后，主、副螺母间螺栓受力伸长而使螺纹接触面和主、副螺母接触面上产生压力及附加摩擦力，阻止主螺母回松，如图 1-8 所示。

（2）机械防松方法。机械防松方法比较多，常见的有开口销与带槽螺母配合使用、圆螺母与止动垫圈配合使用、六角螺母与带耳止动垫圈和串联钢丝等，如图 1-9 所示。

（3）破坏螺纹副关系的防松方法。装配时，先将螺母或螺钉拧紧，然后用样冲在端面、侧面、钉头冲点来防止回松，如图 1-10 所示。该方法用于不需拆卸的特殊连接。

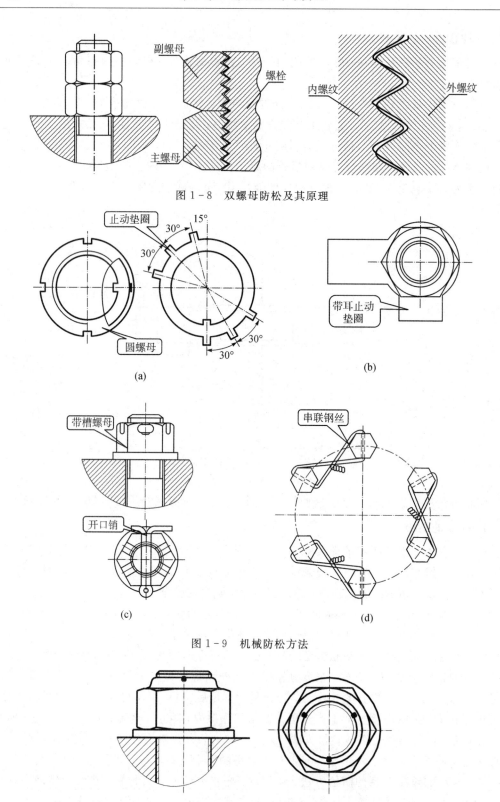

图 1-8　双螺母防松及其原理

(a)

(b)

图 1-9　机械防松方法

(c)

(d)

图 1-10　破坏螺纹副关系的防松方法

（4）粘接防松装置。采用厌氧胶粘剂，涂于螺纹旋合表面，拧紧后，胶粘剂能自行固化从而达到防止回松的目的。

## 1.4.2 过盈连接

过盈连接一般属于机械零件之间的不可拆卸的固定连接。在装配过程中，被包容件和包容件的表面应清洁；装配时应连续装配，位置要正确，不应有歪斜；实际过盈量要符合图纸要求。过盈连接常用压入法和温差法，温差法又分为热装和冷装（见表 1-3）。

表 1-3 过盈连接工艺

| 工艺 | 方法 | 设备和工具 | 工艺特点 | 适用范围 |
|---|---|---|---|---|
| 压入 | 冲击压入 | 用铜棒或重物冲击 | 简便，但导向性差，易歪斜 | 配合要求低、长度短的零件，如销、短轴等 |
| | 工具压入 | 用螺旋式、杠杆式等压力机械工具 | 导向性好，生产率高 | 配合精度较高的连接件，如衬套、一般要求的活动轴承等 |
| | 压力机压入 | 机械式和气动压力机、液压机 | 配合夹具使用，可提高导向性 | 适用于成批生产的轻、中型过盈配合连接，在过盈连接装配自动化中常采用 |
| 热装 | 火焰加热 | 喷灯、氧乙炔丙烷加热器、碳炉 | 加热温度低于 350℃，热量集中，加热温度易于控制，操作简便 | 适用于局部受热和热胀尺寸要求严格控制的中型和大型连接件，如蒸汽机、鼓风机、组合式曲轴的曲柄等 |
| | 介质加热 | 沸水槽、蒸汽加热、热油槽 | 沸水槽加热温度在 80～100℃，蒸汽可达 120℃，热油可达 90～320℃ | 适用于过盈量较小的连接件，滚动轴承、连杆衬套、齿轮等。对忌油连接件用沸水槽或蒸汽加热槽 |
| | 电阻和辐射加热 | 电阻炉、红外线辐射加热箱 | 温度可达 400℃以上，热胀均匀，表面洁净，加热温度易于控制 | 适用于小型和中型连接件；若要用于大型连接件时，需用专用设备。在成批生产中广泛应用 |
| | 感应加热 | 感应加热器 | 温度可达 400℃以上，时间短，调节方便，热效高 | 适用于特重型和重型过盈配合的中型和大型连接件，如汽轮机叶轮、大型压榨机部件 |
| 冷装 | 干冰冷缩 | 干冰冷缩装置 | 可冷至 −78℃，操作方便 | 适用于过盈量小的小型连接件和薄壁衬套等 |
| | 低温箱冷缩 | 各种类型低温箱 | 可冷至 −40～−140℃，冷缩均匀，表面洁净，冷缩温度易于自动控制，生产率高 | 适用于配合精度较高的连接件和在热态下工作的薄壁套筒件，如发动机气门座圈 |
| | 液氮冷缩 | 移动或固定式液氮槽、罐 | 可冷至 −195℃，冷缩时间短，生产效率高 | 适用于过盈量较大的连接件，如发动机主副连杆衬套等，在过盈连接装配自动化中常采用 |
| | 液氧冷缩 | 移动或固定式液氧槽、罐 | 可冷至 −180℃，冷缩时间短，生产效率高 | |

压入法是利用人工锤击或压力机将被包容件压入包容件的,工艺简单。压装时零件的配合表面应涂有清洁的润滑剂。压装过程应平稳,被压入件应准确到位。温差法是利用包容件加热涨大或被包容件冷却收缩,使过盈量消失并有一定装入间隙的过盈连接方法。热装加热温度应根据零件的材料、配合直径、过盈量和热装的最小间隙等确定。零件加热到预定温度后,及时取出并立即装配,且应一次装配到预定位置,中间不得停顿。热装后一般应让其自然冷却,不应骤冷。冷装多用于过渡配合或过盈量较小的连接件装配,比热装费用高。被包容件的冷却时间比包容件的加热时间短,其表面不会因加热氧化而使组织变化,而且较小的被包容件比较大的包容件易于操作。零件冷透取出后应立即装入包容件内。对零件表面有厚霜者,不得继续装配,必须清理干净后重新冷却。

## 1.4.3 轴承连接

轴承是当代机电设备中一种重要的零部件,主要功能是支撑机械旋转体,降低其运动过程中的摩擦系数,并保证其回转精度。轴承的安装是否正确,影响着精度、寿命、性能。装配轴承时,最基本的要求是当轴向力直接作用在所装轴承套圈的端面上时(装在轴上时,确保轴向力直接作用于内圈上,装在孔上时确保力直接作用于外圈上),尽量不影响滚动体(见图 1-11)。

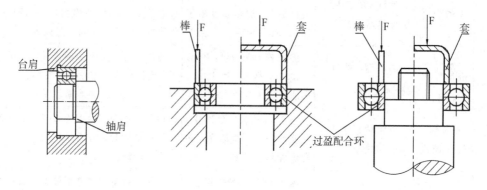

图 1-11　轴承安装

轴承的装配方法有锤击法、压力机装配法、热装法、冷冻装配法等。应用锤击法时,要将锤子垫上紫铜棒以及一些比较软的材料后再锤击,注意不要使铜末等异物落入轴承滚道内,也不要直接用锤子或冲筒直接敲打轴承的内外圈,以免影响轴承的配合精度或造成轴承损坏。对于过盈公差较大的轴承,则采用螺旋压力机或液压机装配。在压前要将轴和轴承放平,并涂上少许润滑油,压入速度不宜过快,轴承到位后要迅速撤去压力,防止损坏轴承或轴。热装法是将轴承放在油中加热到 $80 \sim 100 ℃$,使轴承内孔胀大后套装到轴上,可使轴和轴承免受损伤。热装法不适用于带防尘盖和密封圈、内部已充满润滑脂的轴承。

## 1.4.4 密封件连接

密封件是防止流体或固体微粒从相邻结合面间泄漏,以及防止外界杂质(如灰尘与水分等)侵入机器设备内部的材料或零件。装配密封件时,对油封和密封圈,装配前应将油封唇部和密封圈表面涂上润滑油脂(需干装配的除外),同时必须清除零件的尖角,避免使用锐利的工具。油封的装配方向应使介质工作压力把密封唇部压紧在轴上，不得装反；如油封用于防尘时，则应使唇部背向轴承。若轴端有键槽、螺钉孔、台阶时，为防止油封和密封圈损坏，装配时可采用装配导向套，如图 1-12 所示。

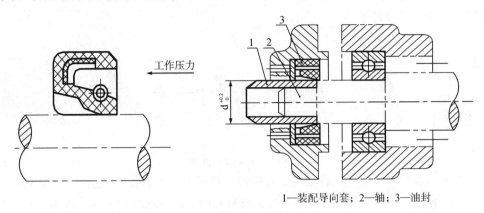

1—装配导向套；2—轴；3—油封

图 1-12  密封件装配

### 1.4.5  键/花键/销连接

**1. 键连接**

键主要用来实现轴和轴上零件之间的周向固定以传递转矩。有些类型的键还可实现轴上零件的轴向固定或轴向移动。键是标准件，常见的键包括平键、半圆键、钩头楔键等如图 1-13 所示。

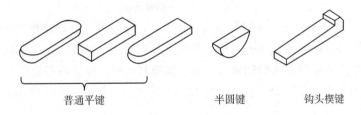

普通平键                半圆键                钩头楔键

图 1-13  常用键

平键的两侧面是工作面，上表面与轮毂槽底之间留有间隙，这种键具有定心性较好、装拆方便的特点。常用的平键有普通平键和导向平键两种。普通平键的端部形状可制成圆头（A 型）、方头（B 型）或单圆头（C 型），如图 1-14 所示。圆头键的轴槽用指形铣刀加工，

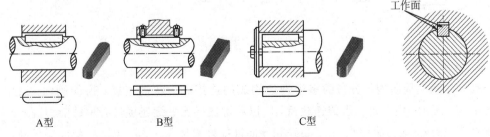

A型                    B型                    C型

图 1-14  普通平键连接

键在槽中固定良好，但轴上键槽端部的应力集中较大。方头键用盘形铣刀加工，轴的应力集中较小。单圆头键常用于轴端。导向平键较长，用螺钉固定在轴槽中，为便于装拆，在键上制出起键螺纹孔，其实现轴上零件的轴向移动，构成动连接，如图 1-15 所示，如变速箱的滑移齿轮就采用导向平键。

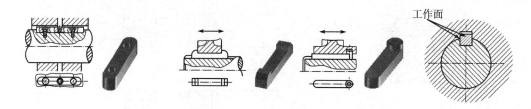

图 1-15　导向平键连接

　　半圆键也是以两侧面为工作面的，与平键一样具有定心较好的优点。半圆键能在轴槽中摆动以适应毂槽底面，装配方便。它的缺点是键槽对轴的削弱较大，只适用于轻载连接，如图 1-16 所示。

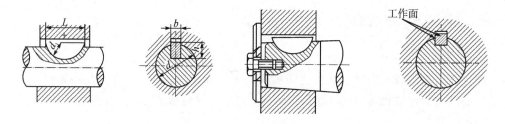

图 1-16　半圆键连接

　　楔键的上下面是工作面，键的上表面有 1：100 的斜度，轮毂键槽的底面也有 1：100 的斜度，把楔键打入轴和毂槽内时，其工作面上产生很大的预紧力。工作时，主要靠摩擦力传递转矩 T，并能承受单方向的轴向力。由于楔键打入时，迫使轴和轮毂产生偏心，因此楔键仅适用于定心精度要求不高、载荷平稳和低速的连接，如图 1-17 所示。

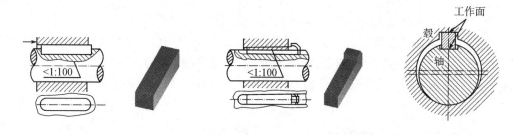

图 1-17　楔键连接

**2. 花键连接**

　　轴和轮毂孔周向均匀分布的多个键齿构成的连接称为花键连接，齿的侧面是工作面，如图 1-18 所示。由于是多齿传递载荷，所以花键连接比平键连接具有承载能力高、对轴削弱程度小（齿浅、应力集中小）、定心好和导向性能好等优点，适用于定心精度要求高、载荷大或经常滑移的连接。花键连接可以做成静连接，也可以做成动连接，一般只验算挤压强度和耐磨性。

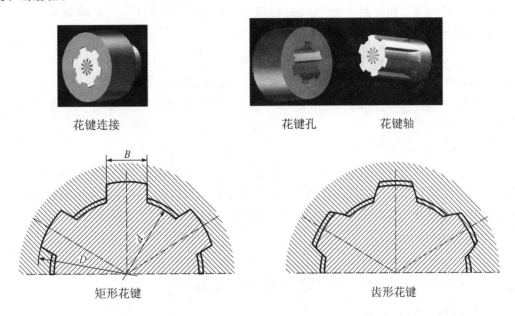

图 1-18 花键连接

**3. 销连接**

销的主要用途是固定零件之间的相互位置，并可传递不大的载荷。销的基本形式为圆柱销、圆锥销和开口销，如图 1-19 所示。圆柱销经过多次装拆，其定位精度会降低。圆锥销有 1∶50 的锥度，安装比圆柱销方便，多次装拆对定位精度的影响也较小。图 1-19(c) 是大端具有外螺纹的圆锥销，便于拆卸，可用于盲孔；图 1-19(d) 是小端带外螺纹的圆锥销，可用螺母锁紧，适用于有冲击的场合；图 1-19(e) 是开口销锁紧螺母。

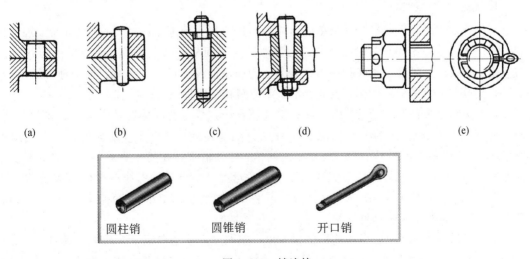

图 1-19 销连接

### 1.4.6　电气连接

电气连接主要采用印制导线、导线、电缆以及其他电导体等方式进行连接。

**1. 印制导线连接**

元器件间通过印制板的焊接盘把元器件焊接（固定）在印制板上，利用印制导线进行连接。目前，电子产品的大部分元器件都是采用这种连接方式（除体积过大、质量过重以及有特殊要求的元器件）。印制板的支撑力有限、面积有限，为保证连接质量，有必要对较大的元器件考虑固定措施。

**2. 导线、电缆连接**

对于印制板外的元器件与元器件、元器件与印制板、印制板与印制板之间的电气连接基本上都采用导线与电缆连接的方式。在印制板上的"飞线"和有特殊要求的信号线等也采用导线或电缆进行连接。导线、电缆的连接通常通过焊接、压接、接插件等方式进行连接。

**3. 其他连接方式**

多层印制板之间的连接采用金属化孔进行。金属封装的大功率晶体管以及其他类似器件通过焊片用螺钉连接。大部分的地线利用底板或机壳连接。

### 1.4.7　印制电路板的连接

通常把没有装载元件的印制电路板叫做印制基板（以下简称基板）。基板的两面分别叫做元件面和焊接面。元件面安装元器件，元器件的引脚通过基板的通孔，于焊接面的焊盘处通过焊接将线路连接起来。电子元器件种类繁多，外形不同，引脚多种多样，所以印制电路板的组装方法也有差异，必须根据产品结构的特点、装配密度以及产品的使用方法和要求来决定。元器件在装配到基板之前，一般都要进行加工处理，然后进行插装。良好的成形及插装工艺，不但能使机器性能稳定、防震、减少损坏，而且还能使机内整齐美观。

**1. 元器件引线的成形**

（1）预加工处理。元器件引线在成形前必须进行加工处理。因生产工艺的限制，加上包装、贮存和运输等中间环节时间较长，元器件引线表面易产生氧化膜，使引线的可焊性严重下降。引线的再处理主要包括引线的校直、表面清洁及上锡三个步骤，再处理后的引线，不允许有伤痕，且镀锡层均匀，表面光滑，无毛刺和残留物。

（2）引线成形的基本要求。引线成形工艺就是根据焊点之间的距离，做成需要的形状，使它能迅速而准确地插入孔内。元器件引线从开始弯曲处，到离元件端面的最小距离应不小于 2 mm，弯曲半径应不小于引线直径的两倍，标称值宜处在便于查看的位置，成形后不能有机械损伤。怕热元器件的引线要求延长，成形时还应绕环。引线成形的基本要求如图1-20所示，图中 $A \geqslant 2$ mm；$R \geqslant 2d$；$h$：水平安装时为 $0 \sim 2$ mm，垂直安装时 $\geqslant 2$ mm；$C = np$（$p$ 为印制电路板坐标网格尺寸，$n$ 为正整数）。

（3）成形方法。为保证引线成形的质量和一致性，应使用专用工具和成形模具。成形工序因生产方式不同而不同。在自动化程度较高的工厂，成形工序是在流水线上自动完成的。在没有专用工具或加工少量元器件时，可采用手工成形，使用平口钳、尖嘴钳、镊子等一般工具手工成形。有些元器件的引出脚需要修剪成形,由长到短按顺序对孔插入,如图 1-21 所示。

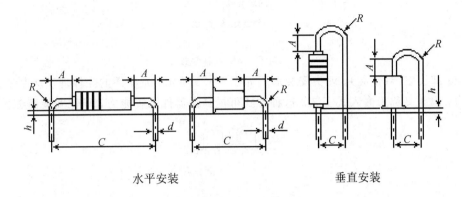

　　　　　水平安装　　　　　　　　　　　　　垂直安装

图 1-20　引线成形基本要求

图 1-21　多引脚修剪成型

### 2. 元器件的安装方法

（1）贴板安装。贴板安装形式如图 1-22 所示,它适用于防震要求高的产品。元器件贴紧印制基板面,安装间隙小于 1 mm。当元器件为金属外壳,安装面又有印制导线时,应加绝缘衬垫或套绝缘套管。

图 1-22　贴板安装

（2）悬空安装。悬空安装适用于发热元件的安装,如图 1-23 所示。元器件距印制基板面有一定高度,安装距离一般在 3～8 mm 范围内,以利于对流散热。

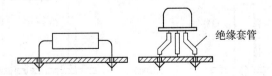

图 1-23　悬空安装

（3）垂直安装。垂直安装适用于安装密度较高的场合（如图 1-24 所示）。元器件垂直于印制基板面,但对质量大引线细的元器件不宜采用这种形式。

图 1-24　垂直安装

（4）埋头安装（倒装）。埋头安装形式如图 1-25 所示，元器件的壳体埋于印制基板的嵌入孔内，因此又称为嵌入式安装。这种方式可提高元器件防震能力，降低安装高度。

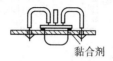

图 1-25　埋头安装

（5）有高度限制时的安装。有高度限制时的安装形式如图 1-26 所示。元器件安装高度的限制，一般会在图纸上标明。对此通常的处理方法是垂直插入后，再朝水平方向弯曲，使元器件的高度不超过限值。但对大型元器件通常要特殊处理，以保证有足够的机械强度，经得起振动和冲击。

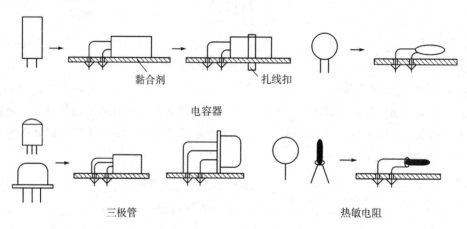

图 1-26　有高度限制的安装

（6）支架固定安装。支架固定安装形式如图 1-27 所示。这种方法适用于重量较大的元器件，如小型继电器、变压器、阻流圈等，一般用金属支架固定在印制基板上。

图 1-27　支架固定安装

元器件插好后，进行引线成形整理。引线成形整理的方法包括弯头成形、切断成形等。

要注意所有弯脚的弯折方向都应与铜箔走线方向相同，如图 1-28(a)所示。图 1-28(b)、图 1-28(c)则应根据实际情况处理。安装二极管时，除注意极性外，还要注意外壳封装，特别是由于玻璃壳体易碎，引线弯曲时易爆裂，故在安装时可将引线先绕 1～2 圈后再装。特别是安装对于大电流二极管时，常将引线体当作散热器，所以必须根据二极管规格中的要求决定引线的长度，不宜把引线套上绝缘套管。为了区别晶体管的电极和电解电容的正负端，一般是在安装时，用不同颜色的套管加以区别。大功率三极管一般不宜装在印制电路板上，因为它发热量大，易使印制电路板受热变形。

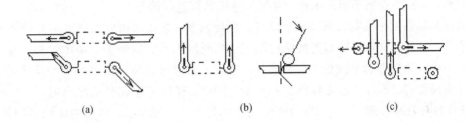

　　　　　　(a)　　　　　　　　　　　(b)　　　　　　　　　　(c)

图 1-28　引线弯脚方向

## 1.4.8　电子产品整机连接

### 1. 整机连接的结构形式

电子产品机械结构的装配是整机装配的主要内容之一。必须用机械的方法将组成整机的所有结构件固定好，以满足整机在机械、电气和其他方面性能指标的要求。合理的结构及结构装配的牢固性，也是电气可靠性的基本保证。整机结构与装配工艺关系密切，不同的结构要有不同的工艺与之适应。不同的电子产品组装级别，其组装结构形式各有特点。

（1）插件结构形式。插件结构形式是应用最广的一种结构形式，主要由印制电路板组成。在印制电路板的一端备有插头，构成插件，通过插座与布线连接；有的直接将引出线与布线连接；有的则根据组装结构的需要，将元器件直接装在固定组件支架（或板）上，便于元器件的组合以及与其他部分配合连接。

（2）单元盒结构形式。该形式适用于产品内部需要屏蔽或隔离而采用的结构形式。通常将该单元盒所需的元器件装在一块印制电路板或支架上，放入一个封闭的金属盒内，通过插头座或屏蔽线与外部接通。单元盒一般插入机架相应的导轨上或固定在容易拆卸的位置，便于维修更换。

（3）插箱结构形式。该形式一般将插件和一些机电元件放在一个独立的箱体中，该箱体有接插头，通过导轨插入机架上。插箱一般分无面板和有面板两种。

（4）底板结构形式。该形式是目前电子产品中采用较多的一种结构形式，它是一切大型元器件、印制电路及机电元器件的安装基础，与面板配合，可方便地将电路与控制、调谐等部分连接。

（5）机体结构形式。机体结构决定产品外形并使其成为一个整体结构。它可以给内部安装件提供组装在一起并得到保护的基本条件，还能给产品装配、使用和维修带来方便。

**2. 整机组装的工艺要求**

电子产品的装配工艺具有重要的意义,它直接影响到各项技术指标能否实现,也决定了是否可用最合理、最经济的方法实现。如果在结构设计中对工艺性考虑得不周到,则不仅会对生产造成困难,还将直接影响到生产率的提高。

装配工艺应具有相对的独立性。整机结构安装通常是指用紧固件和胶粘剂将产品的元器件的零、部、整件按设计要求装在规定的位置上。由于产品组装采用分级组装,因此整机中各分机、整件和部件的划分,不仅在电气上具有独立性,而且在组装工艺上也具有相对的独立性,这样不仅便于组织生产,也便于整机的调整和检验。

机械结构装配中应有可调节环节以保证装配精度,连接结构应保证安装方便和连接可靠,并尽可能采用有效的新型连接结构形式。机械结构装配应便于设备的调整与维修。在电子产品中经常需要调节或更换的元器件,装配工艺应考虑装拆及更换的易操作性,且在进行此类操作时,不对其他元器件造成影响。同时,还应考虑在整机维修时,外壳容易打开,便于进行观察修理。另外,要合理使用紧固零件。一般来说,整机中使用紧固件越少,紧固件使用越合理,工艺性就越好,而合理使用紧固件对产品的可靠性也有很大影响。

电子产品在使用和运输过程中,不可避免地会受到振动、冲击等机械力,严重时可使其损坏甚至无法工作,为了避免这种情况,除了安装减振器外,还应考虑对产品中的各元器件和机械结构采用耐振措施,一方面要提高电子产品各元器件及结构件本身抗振动、冲击的能力;另一方面要采取隔振措施,使电子产品免受振动。

**3. 整机联装**

整机联装包括机械和电气两大部分工作,具体地说,总装的内容,包括将各零、部、整件(如各机电元器件、印制电路板、底座、面板以及装在它们上面的元器件)按照设计要求,安装在不同的位置上,组合成一个整体。总装的装配方式,从整机结构来分,有整机装配和组合件装配两种。对整机装配来说,整机是一个独立的整体,它把零、部、整件通过各种连接方法安装在一起,组成一个不可分的整体,具有独立工作的功能,如收音机、电视机、信号发生器等。而对组合件装配来说,整机则是若干个组合件的组合体,每个组合件都具有一定的功能,而且随时可以拆卸,如大型控制台、插件式仪器等。整机联装要遵循先轻后重、先小后大、先铆后装,先装后焊、先里后外、先下后上、先平后高、易碎易损件后装、上道工序不得影响下道工序安装的原则,一般经历"准备→机架→面板→组件→机芯→导线连接→传动机构→总装检验→包装"几个过程。

从装配工艺程序看,零部件装配内容主要包括装配件的安装和紧固两部分。装配件的结构组成不外乎有电子元件、机械结构、辅助构件和紧固零件等。安装是指将装配件按规定的位置、方向和次序安放好,直至紧固零件全部套上入扣为止。紧固是在安装之后用工具紧固零件拧紧的工艺过程。在操作中,安装与紧固是紧密相连的,有时难以截然分开。当主要元器件放上后,辅助构件、紧固件边套装边紧固,但是一般都不拧得很紧,待元器件位置初步得到固定后,稍加调整拨正再做最后的固定。下面介绍两种常用零部件的装配。

(1)电位器的安装。电位器芯轴位置是可变的,能影响电阻值。在安装时由固定螺母将电位器固定在装置板上,用紧锁螺母将芯轴锁定。图1-29为有定位要求的电位器安装。利用锁紧螺母内锥面对弹性夹锥面施加的夹合力将调整芯轴夹紧，保证其在振动冲击中不发生角位移、拧动锁紧螺母时不直接碰到芯轴。

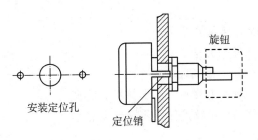

图 1-29　有定位要求的电位器安装

（2）散热器的安装。电子产品中大功率元器件的散热通常采用自然散热形式，它包括热传导、对流、辐射等几种。功率半导体器件一般都安装在散热器上，如图 1-30 所示为集成电路散热器的安装。在安装时，器件与散热器之间的接触面要平整、清洁，装配孔距要准确，防止装紧后安装件变形，导致实际接触面积减少，人为地增大界面热阻。散热器上的紧固件要拧紧，保证接触良好，以利于散热。为使接触面密合，往往在安装接触面上涂些硅脂，以提高散热效率，但涂的数量和范围要适当，否则将适得其反。散热器的安装部位应放在机器的边沿、风道等容易散热的地方。叉指型散热器放置方向会影响散热效果，在相同功耗下因放置方向不同而温升较大，如方形叉指型散热器平放（叉指向上）比侧放（叉指向水平方向）的温升稍低，长方形和菱形叉指型散热器平放比横侧放（长轴在水平方向）的散热效果要好。在没有其他条件限制时，应优先考虑到这一特点。

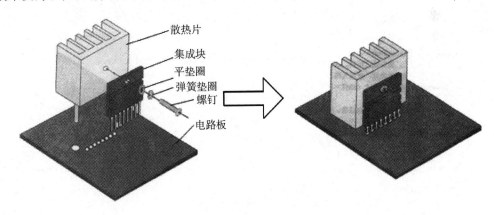

图 1-30　集成电路散热器的安装

# 1.5　小　　结

本章介绍了装配的一些基本概念，包括装配工作、装配精度、装配工艺等，并重点阐述了机械连接和电子产品连接的主要工艺形式。装配工艺是装配系统规划的主要依据，学生应该熟悉这些工艺及其特征等知识。本章介绍的这些工艺比较常见，随着技术的不断发展，一些新型的工艺技术不断涌现，大家可以拓展这方面的知识。

# 习　　题

1. 什么叫装配，装配有何重要意义？

2. 请谈谈装配工艺规程的方法步骤。

3. 产品设计时如何充分考虑其装配工艺性？

4. 装配时零件连接的种类有哪些？装配材料有哪些？

5. 螺纹连接有哪些优点？螺纹连接常用哪些防松装置？它们的基本原理是什么？各有哪些特点？应用何种场合？

6. 螺纹连接时拧紧顺序一般要注意哪些事项？

7. 简述常见的装配动作和方向。

8. 简述过盈连接的装配工艺方式和特征。

# 第 2 章　柔性装配系统

装配是产品生产的最后环节，也是最接近市场和客户的环节。经济全球化、市场细分化、消费多元化，对制造系统尤其是装配系统提出了满足个性化、多样化的需求，主要表现：① 消费个性化（产品多样化），消费者的爱好及需求越来越多样化，企业只见品种型号的大量增加却不见产量的快速增长。② 小批量，市场总量一定程度上基本不变。当产品多样化时，相对于同一种型号产品的产量自然会减少，结果是订单多了，订单批量减少了。③ 短交期，顾客要求的交货时间越来越短，企业必须以短交期来应对快速变化的市场。多品种、小批量和短交期，要求装配系统兼具效率和柔性。装配系统是把生产加工好的零件、部件组装成最终产品的生产作业系统。柔性装配系统是指具有柔性的装配系统，具体表现在装配产品品种数和产量的变化上。

## 2.1　装配系统柔性需求

装配系统柔性通常从品种柔性和产量柔性两个方面来衡量。所谓品种柔性，是指装配系统从装配一种产品快速地转换为装配另一种产品的能力。所谓产量柔性，是指装配系统快速增加或减少所装配产品产量的能力。在多品种小批量生产的情况下，品种柔性具有十分重要的实际意义；在产品需求数量波动较大，或者产品不能依靠库存调节供需矛盾时，产量柔性具有特别重要的意义。品种柔性和产量柔性对装配系统提出了以下需求：

（1）功能柔性，即当要求装配一系列不同类型的产品时，装配系统随产品变化而装配不同产品的能力。一是产品更新或完全转向后，装配系统能够非常经济和迅速地生产出新产品的能力；二是产品更新后，对老产品有用特性的继承能力和兼容能力。

（2）规模柔性，即当生产量改变时装配系统也能经济地运行的能力。对于根据订货而组织生产的装配系统，这一点尤为重要。

（3）结构柔性，包括时间结构和空间结构两个方面。时间结构柔性也称为工作流程柔性，一是装配工艺流程不变时自身适应产品或原材料变化的能力；二是装配系统内，为适应产品或原材料变化而改变相应工艺的难易程度。空间结构柔性也称布局柔性，是指当装配任务需要时，装配系统扩展或缩减系统结构、增减模块、重新布局，构成一个更大或更小系统的能力。

装配系统模型如图 2-1 所示。装配系统的核心作业部分包括人力和技术两种资源，人力资源主要是指装配工人，技术资源包括工具、工位和设备。包围核心作业部分的是工作环境，包括空气环境、噪音环境、光环境和温度环境等。装配任务一般表现为一定时间内装配的产品品种和数量。装配系统的输入为材料、能源、信息和资金（价值/成本），输出为产品、排放、废料和处置物。材料、能源、信息和资金以工作流（含物料流、信息流、能源流和价值流)的形式,通过装配系统,完成装配任务,实现增值。

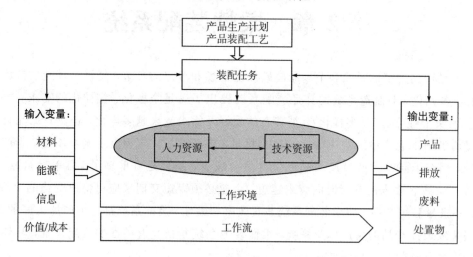

图 2-1 装配系统模型(改自:Warnecke,1992)

表 2-1 描述了装配系统中技术资源和人力资源在功能、规模和结构方面的柔性需求。

**表 2-1 装配系统柔性需求**

| | 功能 | 规模 | 时间结构 | 空间结构 |
|---|---|---|---|---|
| 技术资源 | 技术和设施的可变性 | 批量能力的可变性 | 装配流程和物流的可变性 | 装配系统结构的可变性,如从装配线向装配单元改变 |
| 人力资源 | 技能和专业技术水平的可变性 | | | 工作结构的可变性,如从个体工作到团队工作 |

# 2.2 装配系统基本组成要素

## 2.2.1 装配工人

装配过程一直以来都是一种劳动密集型过程。工人是装配系统中的最大柔性,具有能适应装配过程所要求的能力,即具备一定的判断能力、熟练的技巧及灵活性。但因工人的素质和熟练程度不同,他们的工作往往导致产品质量变化、性能不一致;而且工人容易疲劳,判断可能出错,熟练技巧有限,灵活性不能始终如一;工人还可能对工作不满意,有时还会有故意的捣乱,这些活动小则造成部件报废,大则使整个装配系统停工。另外,如果装配要求体力,而人的体力是不能持久的。在装配系统中,和工人紧密相关的变化趋势,包括工作扩大化、工作丰富化、劳动现代化。

随着自动化技术和信息技术在装配系统中不断渗透,装配工人的劳动内容和方式正在持续地由传统劳动向现代劳动转变,这种转变的趋势使体力劳动不断减少而感觉运动式和反应式劳动越来越常见。例如,视屏显示终端(Visual Display Terminal,VDT)装配工人在日常工作中越来越频繁地使用计算机。在装配系统中,现代劳动越来越多,体力劳动已经消失或为机械所取代，所以体力不再那么重要，取而代之的是劳动者吸收和加工信息、精确地移动手臂或手指来完成某项操作等技能。目前，对脑力和视觉器官的要求、反复性操作、静态作业、劳动姿势和时间压力(time pacing)等劳动负荷更为突出。在装配系统中，主要需考虑工人的负荷和应力。

**1. 工人的负荷和应力**

　　劳动生理学和劳动心理学是与工人负荷和应力紧密相关的学科。劳动生理学是研究与劳动行为相关的人体生物过程的学科，包括劳动医学和生理学两个部分；劳动医学是指与职业病、工作事故、工业卫生和工作毒理学方面的问题有关的医学；生理学是研究人体所有正常生物过程的学科，这些过程可以是化学性质(新陈代谢，荷尔蒙)或物理性质（精神）的。劳动心理学是心理学的一个分支学科，它包括那些对工作过程的分析、评价和构建有重要意义的知识和方法。劳动生理学和劳动心理学的研究成果为装配系统中分析工人的负荷和应力提供了理论和方法。图 2-2 展示了工人在工作中的负荷和应力之间的关系。

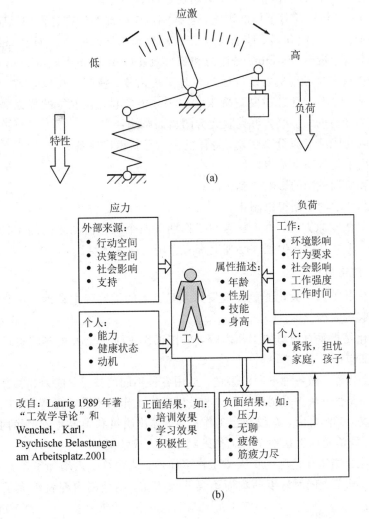

图 2-2　负荷与应力

负荷(Stress)是指劳动系统对机体生理心理总的需求和压力,它强调外界因素和状态。负荷是一种紧张状态,它产生于对某个强烈反感的、时间上很近或者已经发生的、主观上持续时间较长、不可完全控制状态的忧虑。无论是体力劳动还是脑力劳动,负荷过高或者过低都不好,负荷过高会降低作业的质量和水平,引起机体疲劳甚至损伤;负荷过低会降低作业者的警觉性,使其感到单调、无兴趣,也影响作业能力。劳动负荷的适宜水平可以理解为在该负荷下能够连续劳动8小时而不疲劳,在该负荷下长期劳动而不损害健康的卫生学限值。一般认为,劳动负荷的适宜水平约为最大摄氧量的1/3。以能量代谢计,男女分别为17 kJ/min和12 kJ/min,心率则为安静时的心率再加上40次/分钟。

劳动负荷评价指标和方法,可以分为客观方法、主观方法和观察方法。客观方法的指标,在体力方面包括能量代谢、心率、肌电、肌酸激酶、激素等,在脑力方面包括心率、瞳孔测量、心率变异性、脑诱发电位等。主观方法的指标,在体力方面包括调查表、谈话、Borg量表等,在脑力方面有Cooper-Harper量表、NASA负荷指数等。观察方法则主要有工作活动分析法(AET)和工作姿势系统分析法(OWAS)等。

应力(Strain)是指负荷对个体的影响,它强调机体内部的生物过程和反应。应力的影响因素包括社会心理、个体(年龄、性别等)、工作环境和工作条件等。与应力相关的两个重要概念是疲劳和复原。疲劳(Fatigue)是体力和脑力效能(Functional Efficiency)的减弱,取决于工作负荷的强度和持续时间,经过适当休息又可恢复。疲劳也可以理解为一种状态,即原来可轻松完成的工作,现在却要花费很大精力才能应付,且取得的成果越来越小。复原(Recovery)作为疲劳的对立物,可克服疲劳的负面影响:

(1)下降的功能经复原得以恢复,身体的力量重新得以储备;

(2)人体内平衡状态紊乱得以纠正;

(3)调节和协调机制的影响得到去除;

(4)情绪和活动的抑制得以制止。

工休是常见的复原方法,可理解为在工作期间两个工作活动之间的工作中断。在实用劳动生理学中,工休是指在生理和心理上都有作用的一种休息。

### 2. 工作丰富化和扩大化

工作丰富化和工作扩大化能更好地发挥装配工人的柔性和主动性,降低装配工作单一枯燥而容易引起的疲劳。

工作丰富化是指垂直地增加工作内容,是在工作中赋予工人更多的责任、自主权和控制权,基本特征包括:

(1)技能多样性:做各种不同的事情,运用各种不同的技术、能力和智慧。

(2)任务完整性:从头至尾做一件工作,做整个工作而不是零敲碎打。

(3)自主权:工作自由,有权制定工作进度,做出决策和确定完成工作的手段。

(4)反馈:能清楚而直接地了解工作的结果和完成情况。

工作扩大化是指工作范围的扩大或工作多样性,从而给工人增加了工作种类和工作强度。如果一个装配工人同时从事两项而不是一项工作,则他的内容就扩大了。工作扩大化具有以下特征:

(1)工作多样性,即横向增加工人的工作职务内容。

（2）提高工人的工作兴趣。

（3）相似性，即通过工作扩大化后的新工作与工人原来所做的工作非常相似。

（4）工作的高效率。

工作丰富化和扩大化的区别。从定义上看，工作丰富化是垂直地增加工作内容，工作扩大化是水平地增加工作内容。从方式上看，工作丰富化是为员工提供获得身心发展和成熟的机会，可充实工作内容，促进岗位工作任务的完成；而工作扩大化是通过增加任务、扩大岗位任务结构，使完成任务的形式、手段发生变更。从影响上看，工作丰富化有利于提高员工积极性，从而提高生产效率与产品质量，以及降低员工离职率和缺勤率，但会增加培训费用、工资报酬，带来成本的上升及工作设施的完善或扩充；工作扩大化促使工作高效率，可以提高员工的工作满意度并改善工作质量，但如果工作多样性不足，不利于激发工人积极性。

## 2.2.2　装配工具

装配工具是指工人进行装配使用的工具，根据动力来源，装配系统中常见的装配工具可以分为手动工具、气动工具和电动工具三种。

### 1. 手动工具

常用的手动工具有螺丝刀、扳手、锤子、钳子等。

（1）螺丝刀。在装配作业所使用的螺丝刀中，普通型的螺丝刀使用最为广泛，如"一字"和"十字"螺丝刀。螺丝刀在生活中常见，简单易用。在装配系统中，要根据螺丝的大小来选用相应的螺丝刀，如使用不恰当的螺丝刀则会损坏螺丝的槽口，弄钝螺丝刀的刀口，费力而且造成工作效率的降低。另外，螺丝刀不能当作撬杠和凿子使用，不能借助其他器具加力使用。

（2）扳手。扳手的种类比较多，包括开口扳手（双/单头）、梅花扳手、扭力扳手、活动扳手、内六角扳手、管子扳手等。扳手的大小可使用螺栓、螺母的二面宽度、尺寸及其扳手的长度来标识，内六角螺栓以孔内的二面宽度来标识。扳手的作用是将紧固的螺栓松开或拧紧，要选择和使用与螺母、螺栓二面宽度相吻合的扳手。扳手不能当作锤子和撬棍使用，也不能借助其他器具加力使用。

（3）锤子。锤子由锤头和锤柄组成，为减少单手锤子在敲打时传到手上的冲击力，锤把前部分略细。锤子的种类多种多样，其锤子的大小以锤头的重量来表示，如：1/4、1/2、1、2 磅等。

（4）钳子。钳子的大小是用长度 L 来标示的，如 150 mm(6″)钳、250 mm(10″)钳等。钳子的类别包括尖嘴钳、老虎钳、剪管钳、斜口钳、组合钳、夹线钳等。不要用钳子拆卸螺栓、螺母，不要将钳子当作锤子使用，不要在硬度很大的物品上使用钳子，不同的工况要选择使用不同的钳子。

### 2. 气动工具

气动工具是利用压缩空气带动气动马达对外输出动能工作的一种工具。气动工具应用广泛、结构简单、易于维护、能源清洁、无污染且使用安全，是手工装配作业机械化不可或缺的工具。气动工具由动力元件、执行元件、控制元件和辅助元件四个部分组成。动力元件是获得压缩空气的能源装置（空气压缩机），执行元件是气缸和气马达，控制元件是指各种控制阀（压力、流量、方向），辅助元件是指过滤器、消音器、管件、油雾器、贮气罐等。

气动工具具有扭力大、使用寿命长、长时间使用扭力不变、转数高、效率高、平衡性好、重量轻巧、操作方便等特点，种类繁多。下面以气动套筒扳手为例来说明气动工具的优缺点。

气动套筒扳手是一种提高紧固和松动螺栓、螺母作业效率的工具，具有以下优点：

(1) 是一种冲击扭矩的工具，其扭矩范围比较广；

(2) 可以通过对空气的调整简单地调整其扭矩；

(3) 因为扭矩是断续性的，因此反作用(对手的冲击力)较小；

(4) 紧固时间要比其他的紧固工具时间短(作业效率)。

但是，气动套筒扳手同时具有以下不足：

(1) 由于紧固时间的长短不同，因此会造成螺栓的断损或扭矩不足；

(2) 会因为气压和流量的变动而改变紧固扭矩；

(3) 由于套筒的磨损，会造成紧固不足和扭矩偏差的现象。

随着生产自动化程度的不断提高，气动技术应用面迅速扩大，气动产品品种规格持续增多，性能、质量不断提高。随着新技术、新工艺和新材料的广泛应用，气动工具的发展主要有四个趋势：

(1) 高效化趋势，表现为小型化、集成化、组合化、智能化、精密化、高速化的特征；

(2) 绿色化趋势，表现为无油、无味、无菌、高寿命、高可靠性的特征；

(3) 智能化趋势，表现为自诊断功能、节能、低功耗、机电一体化的特征；

(4) 人性化趋势，满足某些行业的特殊要求，应用人机工程学设计。

**3. 电动工具**

电动工具是以电动机或电磁铁为动力，通过传动机构驱动工作头的一种机械化工具。电动工具具有携带方便、操作简单、功能多样、安全可靠等特点，可以大大减轻劳动强度、提高工作效率、实现手工操作机械化，因而在装配系统中被广泛应用。在装配系统中典型的电动工具包括电动扳手、电动螺钉枪、电动铆钉枪等。按照电气安全防护方法，电动工具分为三类：Ⅰ类工具安全防护。工具中设有接地装置，绝缘结构中全部或多数部位有基本绝缘。假如绝缘损坏，由于可触及金属零件通过接地装置与安装在固定线路中的保护接地或保护接零导线连接在一起，不致成为带电体，所以可防止操作者触电。Ⅱ类工具安全防护。这类工具的绝缘结构由基本绝缘和附加绝缘构成的双重绝缘或加强绝缘组成。当基本绝缘损坏时，操作者由附加绝缘与带电体隔开，不致触电。Ⅲ类工具安全防护。这类工具由安全电压电源供电。安全电压导体之间或任何一个导体与地之间空载电压有效值不超过 50 V；对三相电源，导体与中线之间的空载电压有效值不超过 29 V。安全电压通常由安全隔离变压器或具有独立绕组的变流器供给。另外，电动工具还要抑制无线电干扰。根据动力源，电动工具可以分为锂电式(无线便携式)和交流式(有线)两种，如用于小直径螺栓/螺钉紧固的锂电式电动螺丝刀，用于大于 M6 的螺栓紧固的交流式电动冲击扳手。

## 2.2.3　装配工位

装配工位是装配设施的最小单位，一般是为了完成一个装配操作而设计的。它可以分为人工工位、混合工位和自动化工位，这三种类型的工位通过物流和信息流连接，形成各式各样的装配系统，如图 2-3 所示。

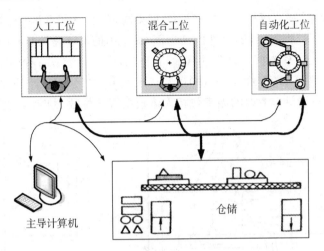

图 2-3　装配工位和装配系统

## 1. 人工工位

人工工位是以手工为主的工位,在工位上安排人员、设备、原料、工具进行装配。根据装配任务布置工位现场,安排工作人员和人数。工位人员的组成是根据装配任务安排的,一般一个工位由 2～3 人操作,有技工或操作工等。工位也可以理解成是一人区的作业内容,在以手工作业为主的装配过程中,可以认为一个人一个工位。工位现场由工具及工具料架、零件及零件料架、工作设备、电源插口等组成,如图 2-4 所示。

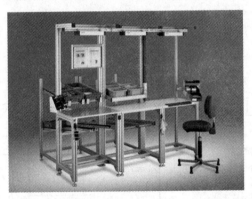

图 2-4　人工装配工位

根据工人操作时的姿势,工位一般分为坐工位(见图 2-5)、站工位(见图 2-6)和站/坐工位(见图 2-7)。实际工作中,工位的选择是由装配对象和装配任务决定的。装配对象包括被装配的工件和装配用到的工具,装配任务则包括了工作的紧密度要求、动作的类型和频率、工作速度等。在选择了相应的工位种类后,则要根据人体尺寸和人体工学的相关理论和信息,设计具体的工位尺寸。一般来说,工位的尺寸主要关注三个高度值,即桌高、座高和脚蹬高。根据人体工学原理,这三个高度需要保持一定的关系,才能保证人体工学中"三个垂直"、"二个平行"要求的满足。但是由于人体尺寸差异大,这就要求三个高度至少有两个可调,由此派生出工位的六种基本类型,即坐工位 1(桌高可调/座高可调/无脚蹬)、坐工位 2(桌高固定/座高可调/脚蹬可调)、站工位 1(桌高可调/无座/无脚蹬)、站工位 2（桌高固定/无座/脚蹬可调）、站/坐工位 1（桌高可调/座高可调/无脚蹬）、站/坐工位 2（桌高固定/座高可调/脚蹬可调）。图 2-5～图 2-7 中的尺寸需依据《中国成年人人体尺寸（GB10000—88）》、《工作空间人体尺寸（GB/T 13547—1992）》、《在产品设计中应用人体尺寸百分位数的通则（GB/T 12985—1991）》、《工作岗位尺寸设计原则及其数值（GB/T 14776—1993）》进行设计，考虑的因素包括人体数据百分位数、工作精度要求等。

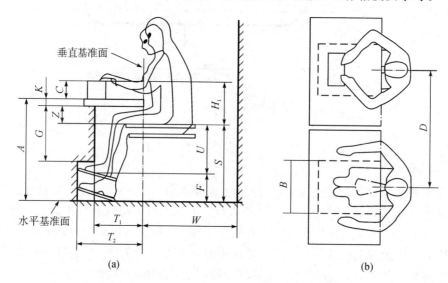

图 2-5　坐工位（来源：GB/T 14776—93）

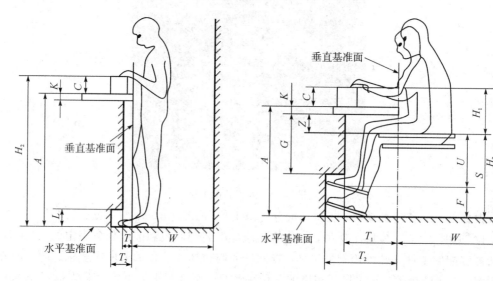

图 2-6　站工位（来源：GB/T 14776—93)　　　图 2-7　站/坐工位（来源：GB/T 14776—93）

### 2. 自动化工位

自动化工位是全部工作由机器自动完成的工位。根据机器的装配程序是否可调，自动化工位可分为刚性自动化工位和柔性自动化工位。刚性自动化工位的装配程序是事先设定的，具有很高的生产率，但是当产品变化时它的柔性较小，如图 2-8 所示。柔性自动化装配工位以装配机器人为主体，带有自己的搬送系统、零件准备系统和监控系统作为它的物流环节和控制单元，根据装配过程的需要，有些还设有抓钳或装配工具的更换系统以及外部设备，如图 2-9 所示。可自由编程的机器人控制系统可以同时控制外设中的夹具，夹具的位置一般是固定的，以保证整个部件在一个固定的位置完成全部装配。所有需要装配的零件都必须准备好，机器人使用一只机械手或可更换的机械手以及可更换的装配工具顺序地抓取和安装所有的零件。另外，也有几台机器人共同工作的装配工位，在这种情况下，几台机器人的工作空间有可能因相交而发生干扰或碰撞。

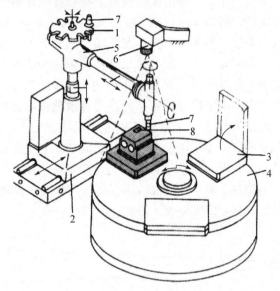

1—工具库；2—行走单元；3—可翻转式工件托盘；4—圆形回转工作台；
5—装配机器人；6—圆形识别摄像机；7—连接工具；8—编码标记

图 2-8　刚性自动化工位

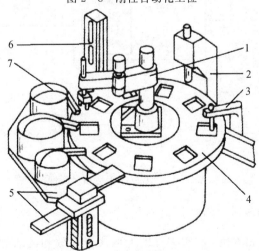

1—SCARA 机器人；2—压入单元；3—输出单元；4—圆形回转工作台；
5—备料单元(按产品的要求备料，可以容易地更换)；6—开关控制的料仓；7—振动供料器

图 2-9　柔性自动化工位

### 3. 混合工位

混合工位是人机联合装配工位，机器负责主要的装配工作，工人负责工件定位、下上料、质量监控等要求柔性比较多、难以自动化的工作。混合工位的规划要求既要考虑人工部分，又要考虑机器的柔性，同时还需考虑人机联合操作的协调性。

为了适应多品种、小批量、短周期的市场需求，要求装配系统具有柔性，同时具备经济性。人工工位、混合工位和自动化工位在柔性和经济性方面有不同的表现，如图 2 - 10 所示。装配操作可以通过手动操作、自动化操作或者手动与自动化相结合的方式完成。如果使用人工工位，操作员能适应诸如零件偏差、错位和产品型号混淆所引起的装配条件变化，能对变化的装配条件做出调整，不需依靠精心制作的工具和夹具去完成装配任务，但操作员的失误和疲劳会导致产品质量问题。如果采用自动工位，由专用自动装配机组成的工作站沿着传送系统分类布置，通过传送系统实现零件传送，借助于专用设备和工装夹具，每个工位只完成一项操作任务。由于传感器并不能总是有效地操纵或监控装配过程，故零件偏差、错位和产品型号混淆等导致的微小偏差和错位不可避免，而这些易造成机器卡住、不完全装配和过多的机器停工。为了在可重复基础上成功地完成装配操作，很有必要将零件误差和零件错位减到最小以及尽可能增大零件尺寸和定位上的相容性，有时需要添置昂贵的精密工装夹具及控制机构。如果采用混合工位，则可解决有误差或错位的零件在匹配中产生的系列问题，但可能会导致装配成本增加和生产率下降。

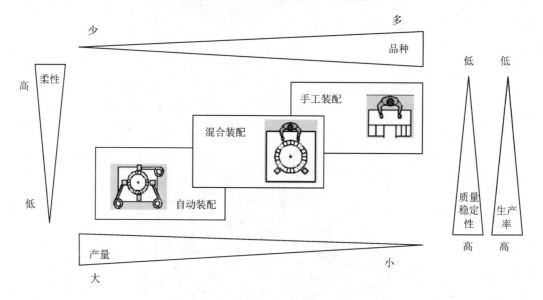

图 2 - 10　工位的柔性和经济性

## 2.2.4　装配物流设施

装配系统的经济性和柔性，在很大程度上取决于高效和灵活的物流系统。装配系统物流设施可以大概地分为两个类别，即供料设施和工件传送设施。供料设施负责把各种装配零件从散装状态变到待装状态，即在正确的位置、准确的时刻、以正确的空间状态，从行列中分离出来，移置到装配设施相应工位上。供料设施的高效是装配系统高生产率的条件。

工件传送设施负责把工件依次通过装配工位,完成装配任务。工件传送设施的柔性,在很大程度上,决定了装配系统的结构柔性。

**1. 供料设施**

供料设施必须具备储料、定向和供料三个功能,即具备足够的容量以维持额定的进料量,并使零件以正确的姿势进入装配系统。供料设施对装配系统有很大的影响,它的开发费用和时间占有较大比例,其可靠性是影响自动装配过程故障率的主要因素。供料过程可靠性与装配零件的几何形状、尺寸数据、物理特性等结构特性相关,也和零件静止状态下的稳定性、安全性、可布置性和运动状态下的方向稳定性等状态特性有直接关系。供料的可靠性还受零件的质量、清洁程度的影响,如几何形状超差、切削液、电镀残余物等,如果附着物带入供料装置中则会引起损坏或停机。对易变形件,需把它们存放在具有一定尺寸限制的容器中,防止底部零件由于自重作用而变形。还要注意解决大公差件、互锁性零件、高敏件、低刚度件、几何形状不稳定及特殊物理化学性质零件的定向输送问题。供料设施一般包括上料装置、输料装置和分离装置三个部分,如图 2-11 所示。

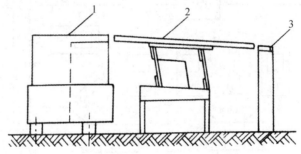

1—上料装置;2—输料装置;3—分离装置
图 2-11　进料装置的完善布置

1) 上料装置

上料是指将零部件送到正确的装配位置。上料装置的基本要求包括:

(1) 上料时间要符合生产节拍的要求;

(2) 上料工作平稳,尽量减少冲击,避免使工件产生变形或损坏;

(3) 上料装置结构简单,工作可靠,维护方便;

(4) 有一定的适用范围,尽可能满足多种需求。

根据自动化程度,上料装置的结构形式可分为人工上料装置和自动上料装置。人工上料装置适用于单件小批生产和大型或外形复杂的工件;自动上料装置适用于大批量生产,包括料仓式、料斗式、上下料机械手或机器人等。料斗式和料仓式的区别是料斗式可对储料器中杂乱的工件进行自动定向整理再送给装配工位,而料仓式只是将已定向好的工件由储料器向装配工位供料。因此,料仓式常用于单件尺寸较大,而且形状比较复杂难于自动定向的零件。上下料机械手是按照程序要求实现抓取和搬运工作,或完成某些劳动作业的机械上料装置,如图 2-12 所示。上下料机械手按其安放位置分为内装式、附装式和单置万能式,按其是否移动分为固定式和行走式。上下料机械手仅用于上下料,比焊接、喷漆机器人的功能要求要简单一些。装配机器人上下料示意图如图 2-13 所示。

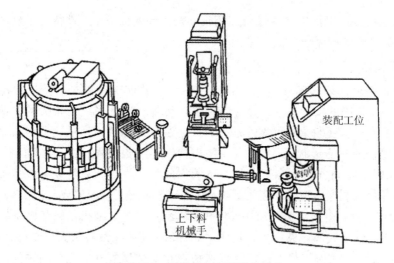

图 2-12　装配工位上下料机械手

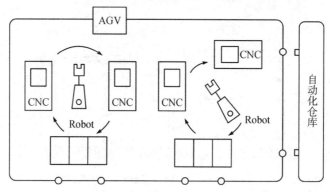

图 2-13　装配机器人上下料示意图

2）输料装置

输料装置是把上料装置提供的定向零件送到固定取出点的输送装置，并兼有缓冲作用。常见的输料装置是输料槽。其振动料斗出料口的长度有一定的限度，因为振动是由圆周排列的板簧产生的，所以不是线性轨迹，出料口在料斗切线方向的长度一般不超过料斗直径。输料槽的作用是与料斗的出料口对接，贮存和输送已排列好的零件。图 2-14 所示为刚性输料槽，靠零件自重进料，适用于可以通过滑动传送的零件，应保证零件的定向姿势不会造成阻塞。图 2-15 所示为电磁驱动振动输料槽，导轨面可水平或略带坡度。图 2-16所示为传送带输料装置，根据贮存和传递零件的几何形状选用平带或圆带。

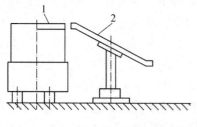

图 2-14　刚性输料槽

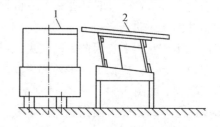

图 2-15　电磁驱动振动输料槽

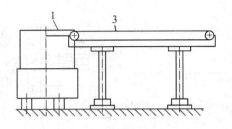

图 2-16　传送带输料装置

3) 分离装置

分离装置又称擒纵机构。装配工位上通常按循环周期每次抓取一个零件，所以，每当一个零件脱离输料装置后，应设置一个静态取出点。抓取点应保证零件的正确姿态和准确位置。而且由于输料槽中下一个零件进料会对抓取零件产生动压力，为了消除动压力，故每取一个零件前应使用擒纵机构分离。常见的分离装置包括横向滑动分离装置、垂直释放轨道分离装置、圆形分离装置、单件分离装置、三个出口的分离装置、带有方向识别装置的翻转机构等。

**2. 工件传送设施**

工件传送设施是指将被装配工件从一个工位传送到下一个工位的设施。工件传送设施应满足的基本要求有：

(1) 结构简单、工作可靠、便于布置；

(2) 传输速度高；

(3) 工作精度满足定位要求；

(4) 保持工件预定的方位；

(5) 与生产线的总体布局和结构形式相适应。

工件的传送方式由生产类型、工件结构形式、工件传送方式、车间条件、工艺过程和生产纲领等因素决定。一般有以下几种形式：

(1) 直接传送方式，包括直线通过式(见图 2-17)、折线通过式(见图 2-18)、并联通过式(见图 2-19)等。

(2) 带随行夹具方式，是指将工件安装在随行夹具上，传送线将随行夹具依次传送到各工位。夹具返回方式包括水平返回(见图 2-20)、上方返回和下方返回。

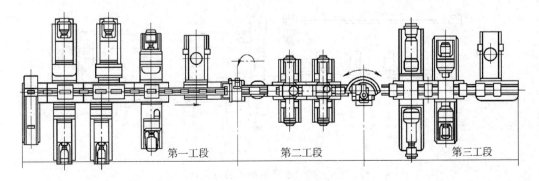

图 2-17　直线通过式

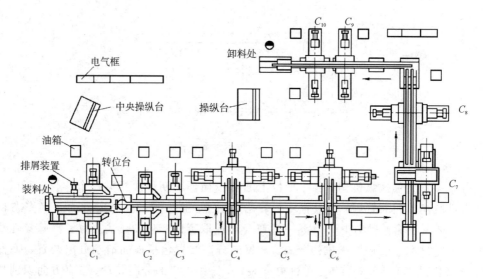

图 2 - 18　折线通过式

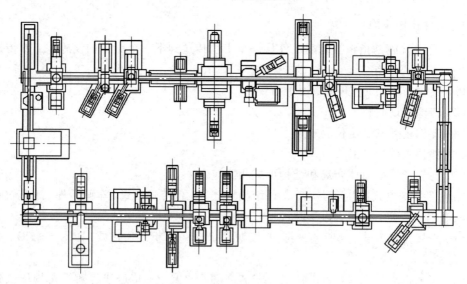

图 2 - 19　并联通过式

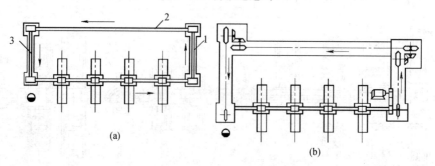

图 2 - 20　水平返回式随行夹具

（3）悬挂传送方式，主要适用于外形复杂及没有合适传送基准的工件及轴类零件，适用于生产节拍较长的生产线。

（4）生产线连接方式，包括刚性连接和柔性连接。刚性连接是指传送装置将生产线连接成一个整体，用同一节奏把工件从一个工位传到另一个工位。柔性连接是指各工位通过共享装配任务或者缓冲而实现的连接。

常见的工位之间的工件传递和运送装置主要有：托盘交换器、各种传送装置、有轨小车和无轨小车等。

（1）托盘交换器是装配工位和传送装备之间的桥梁和接口，不仅起到连接作用，还可以暂时存储工件，起到防止物流系统阻塞的缓冲作用。回转式托盘交换器有两位、四位和多位，如图 2-21 所示。

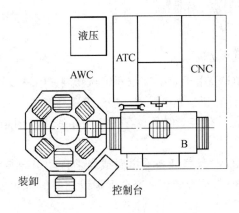

图 2-21　回转式托盘交换器

（2）传送装置不仅起到将各物流站、加工单元、装配单元衔接起来的作用，而且具有物料的暂存和缓冲功能。常见的传送装置有滚道式、链式、悬挂式等。滚道式传送机结构简单，使用广泛，如图 2-22 所示。滚道可以是无动力的，货物由人力推动。有动力的滚道式传送机的机动滚道有多种方案：每个滚子都配备一个电动机和一个减速机；每个滚子轴上装两个链轮；用一根链条通过张紧轮驱动所有滚子；在滚子底下布置一条胶带依靠摩擦力作用驱动等。轨道输送机可以直线传送，也可以改变传送方向。最简单的链式传送机由两根套筒滚子链组成，用链条和托板组成的链板传送机是一种广泛使用的连续传送机械，如图 2-23 所示。悬挂式传送机主要用于制品的暂存，尤其适用于批量产品的喷漆，如图 2-24所示。

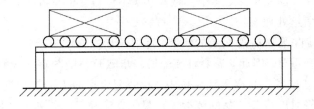

图 2-22　滚道式传送机

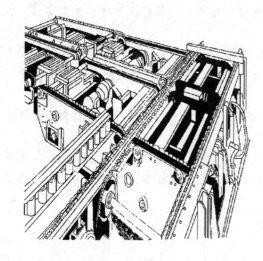

图 2-23　链式传送机

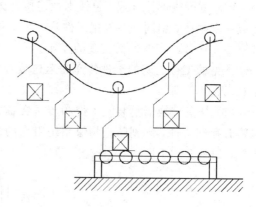

图 2-24　悬挂式传送机

（3）有轨运行小车（RGV）用于装配工位间传送物料。RGV沿导轨运动，由直流或交流伺服电动机驱动，由中央计算机、光电装置、接近开关等控制，具有可传送大（重）件、速度快、控制系统简单、成本低等优点，但是也存在改变路线比较困难的缺点，适于运输路线固定不变的装配系统。

（4）无轨运行小车（AGV）是指装备有电磁或光学自动引导装置，能够沿既定的引导路径行驶，具有小车编程与停车选择装置、安全保护以及各种运载功能的运输小车。

### 2.2.5　装配信息设施

装配信息设施是装配系统中各种要素有机协同工作的基础，通常需要解决做什么、用什么做、怎么做、做得如何、工时成本怎样等问题。

在装配作业计划方面，主要解决人、设备、物料协调一致工作的问题，如总装与分装同步性、编码一致性、装配作业计划与物料配送计划一致性、装配作业计划与工装一致性、装配作业计划装配顺序与实际作业顺序一致性等。因此，在装配工件的上线、下线、打条码、打标识、打合格证工位、物料配送工位等同步点需配置信息设施，用于接收装配作业计划信息以及实际上线的工件顺序，确保整个装配系统的所有工位按统一的计划进行工作。

在物料配送方面，在多种型号的产品共线生产前提下，确保在正确的时间、按正确的顺序、将正确的物料送到正确的工位，同时能够对装配工位上的各种异常缺、漏、废料情况做出实时的反应。在产品品种多、零部件数量多、工位数多的情况下，容易出现错送、漏送的情况，需要借助信息处理设施。

在装配工艺方面，要解决怎么装的问题，即要给出操作要求及标准，特别是多品种、多变型的情况下，尤其重要。因此，需要将装配操作步骤及装配图存入计算机中，将装配线上设备操作所需的工艺技术参数存入计算机中，在装配生产线上的工位（关键）配置信息展示设施，这样就可以将对应待装产品的装配工艺显示在工位信息设施上，指导装配操作。

在装配质量方面，要解决装得怎么样的问题。为此，一是要实现实时在线质量监测控制，尽可能多地采集装配系统中各种设施工作时的各种性能数据，实时与规定的工艺参数进行比对，发现问题时实时在工位信息设施上给出报警信息；二是要实时在线进行 SPC 分析；三是要进行事后质量统计分析，找出影响产品质量的原因；四是要追溯质量问题。

在装配过程追踪方面，要自动记录每一件产品、在哪一条装配线、经过哪些装配工位、由谁、在什么时间（开始、结束）、用了什么物料、在什么工艺条件下、经由什么样的监测等信息。这些信息是生产指挥调度、追溯责任人的基础。需要采集的数据包括工人数据、产品生产过程数据、工艺参数、物料数据、工件传输数据等，需利用工位信息终端输入、条码技术、RFID、无线 PDA、AGV/RGV 等设施和手段，尽可能地实现数据采集的自动化，减轻工人的工作量。

在防错漏装方面，要防止装配过程中的错装、漏装现象，需要采取装配零部件的实时提示、装配操作步骤/装配图的实时提示、发生产品变换时进行声光提示、取料提示与控制、装配动作控制等措施。这些需要用到相应的传感装置和专用信息设施。

在产品谱系管理方面，要实现产品所用零部件的生产厂商、生产日期、批次等信息管理，以便实现重要物料的溯源。这样可以减少与退货和产品召回相关的风险，同时也是保修的依据，可以跟踪和追溯整个供应链上的信息。实现的技术手段有条码技术、PDA（有线/无线）、RFID 等，采集的方式包括单件码和批次码。一般地，单件码在产线旁边进行采集，数据量大；批次码在出库口采集，数据量小。

在集成接口方面，还需要与装配设施和其他系统（ERP/PDM 等）进行集成，需要各类集成的接口。如电动拧紧工具接口、间隙测量设施接口、智能料架设施接口、性能监测系统接口、打号机接口、打标机接口、AGV 接口等。

另外，还需要大屏幕，显示装配作业计划与执行情况、注意事项与警告、车间通知等信息，以及欢迎信息等。

## 2.2.6　装配机器人

装配机器人一般是指用来搬运材料、零件、工具等，可再编程的多功能机械手，或可以是通过不同的程序来完成各种工作任务的特种装置。装配机器人具有可编程、拟人化、通用性、机电一体化和自适应性的特点，能够减少劳动力费用、提高生产率、改进产品质量、增加制造过程的柔性、降低生产成本、消除危险和恶劣的劳动岗位的优点，广泛应用于生产领域，如焊接、材料搬运、检测和装配等。装配机器人可以接受人类指挥，也可以按照预先编排的程序运行，现代的工业机器人还可以根据人工智能技术制定的原则纲领行动。

### 1. 装配机器人的构成

装配机器人由三大部分六个子系统组成，即机械部分、传感部分、控制部分这三大部分，驱动系统、机械结构系统、感受系统、机器人-环境交换系统、人机交互系统和控制系统这六个子系统。

机械部分主要包括驱动系统和机械结构系统。要使机器人运作起来，则需各个关节（即每个运动自由度）安置传动装置，这就是驱动系统。驱动系统可以是液压、气压、电动，或者三者结合的综合系统，可以是直接驱动或者通过同步带、链条、轮系、谐波齿轮等机械传动进行间接传动。机械结构系统由机座、手臂、末端操作器三大部分组成，每一个大件都有若干个自由度。若基座具备行走功能，则构成行走机器人；若基座不具备行走及弯腰功能，则构成固定机器人。手臂一般由上臂、下臂和手腕组成。末端操作器是直接装在手腕上的一个重要部件，它可以是二手指或多手指的手抓，也可以是喷漆枪、焊具等作业工具。

传感部分主要包括感受系统和机器人-环境交互系统。感受系统由内部传感器模块和外部传感器模块组成，用以获得内部和外部环境状态中有意义的信息。智能传感器的使用提高了机器人的机动性、适应性和智能化的水准。机器人-环境交换系统是现代装配机器人与外部环境中的设备互换联系和协调的系统。

控制部分主要包括人机交互系统和控制系统。人工交互系统是操作人员对机器人进行控制并与机器人联系的装置，例如计算机的标准终端、指令控制台、信息显示板、危险信号报警器等。该系统归纳起来分为两大类：指令给定装置和信息显示装置。装配机器人按信息给定方式区分有编程输入型和示教输入型两类。编程输入型是将计算机上已编好的作业程序文件，通过串口或者以太网等通信方式传送到机器人控制柜。示教输入型的示教方法有两种：一种是由操作者用手动控制器（示教操纵盒），将指令信号传给驱动系统，使执行机构按要求的动作顺序和运动轨迹操演一遍；另一种是由操作者直接领动执行机构，按要求的动作顺序和运动轨迹操演一遍。在示教过程的同时，工作程序的信息即自动存入程序存储器中，在机器人自动工作时，控制系统从程序存储器中检出相应信息，将指令信号传给驱动机构，使执行机构再现示教的各种动作。示教输入程序的装配机器人称为示教再现型装配机器人。控制系统的任务是根据机器人的作业指令程序以及传感器反馈回来的信号支配机器人的执行，完成规定的运动和功能。假如装配机器人不具备信息反馈特征，则为开环控制系统；若具备信息反馈特征，则为闭环控制系统。根据控制原理，控制系统可分为程序控制系统、适应性控制系统和人工智能控制系统。装配机器人按执行机构运动的控制机能，又可分点位型和连续轨迹型。点位型只控制执行机构由一点到另一点的准确定位，适用于机床上下料、点焊和一般搬运、装卸等作业；连续轨迹型可控制执行机构按给定轨迹运动，适用于连续焊接和涂装等作业。

**2. 装配机器人技术参数**

这里提及的装配机器人技术参数指的是制造商在供货时提供的基本技术数据，主要包括自由度、精度、工作范围、最大工作速度、承载能力。自由度是机器人所具有的独立运动坐标轴的数目。精度含定位精度和重复定位精度，定位精度是指机器人手部实际到达位置与目标位置之间的差异，重复定位精度是指机器人重复定位其手部于同一目标位置的能力。工作范围是指机器人手臂末端或手腕中心所能到达的所有点的集合，也叫工作区域。最大工作速度包括装配机器人在主要自由度上最大的稳定速度和装配机器人手臂末端最大的合成速度。承载能力是指机器人在工作范围内的任何位姿上所能承受的最大质量，其大小决定了负载的质量，机器人运行的速度、加速度的大小、方向，通常指高速运行时的承载能力。

**3. 装配机器人主体结构**

装配机器人主体结构主要是指由连杆件和运动副组成的坐标形式。比较广泛使用的装配机器人坐标形式有：直角坐标式、圆柱坐标式、球面坐标式（极坐标式）、关节坐标式，如图 2-25 所示。直角坐标式机器人主要用于生产设备的上下料，也可用于高精度的装配和检测作业，其主体结构具有三个自由度，通常要求手臂能垂直上下移动，并可沿滑架和横梁上的导轨进行水平面内二维移动，手腕的自由度多少视用途而定。圆柱坐标机器人的主体结构具有三个自由度：腰转、升降、手臂伸缩，手腕通常采用两个自由度：绕手臂纵向轴向转动、与手臂垂直的水平轴线转动。球面坐标式机器人的主体结构有三个自由度：绕柱身的转动、绕水平轴线的转动、手臂伸缩，其实际工作范围的形状是个不完全的球，手腕应具有三个自由度（俯仰、偏转、翻转），都是转动关节。关节坐标式机器人主体结构有三个自由度：腰转关节、肩关节、肘关节，手腕上具有的三个自由度，也都是转动关节。

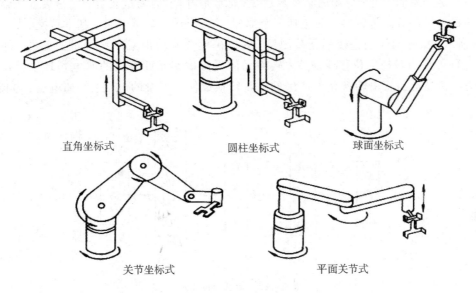

直角坐标式　　　　　　圆柱坐标式　　　　　　球面坐标式

关节坐标式　　　　　　平面关节式

图 2-25　装配机器人坐标形式

各种坐标类型的优缺点见表 2-2。

**表 2-2　装配机器人各类坐标的特点**

| 坐标类型 | 优　点 | 缺　点 |
|---|---|---|
| 直角坐标 | ① 结构简单；<br>② 容易编程；<br>③ 采用直线滚动导轨、速度高、定位精度高；<br>④ X、Y、Z 三个坐标轴方向上的运动互不干涉，设计控制系统相对容易 | ① 导轨面的防护比较困难，不能像转动关节的轴承那样密封得很好；<br>② 导轨支承结构增加了机器人重量，减少了有效工作范围；<br>③ 为了减少摩擦需要很长的直线滚动导轨，价格高；<br>④ 结构尺寸与有效工作范围相比显得庞大；<br>⑤ 移动部件惯量较大，增加了驱动装置的尺寸和能量消耗 |
| 圆柱坐标 | ① 通用性强；<br>② 结构紧凑；<br>③ 在垂直方向和径向有两个往复运动，可采用伸缩套筒式结构，在很大程度上减少了转动惯量 | 由于机身结构的缘故，手臂不能抵达底部，减少了机器人的工作范围 |
| 球面坐标 | 工作范围大 | 设计和控制复杂 |
| 关节坐标 | ① 结构紧凑，工作范围大，安装占地面积小；<br>② 具有很高的可达性；<br>③ 由于没有移动关节，所以不需要导轨；<br>④ 关节驱动力矩小，能量消耗较少 | ① 机器人结构刚度低（因肘关节和肩关节的轴线是平行的，所以当大小臂舒展成一直线时能达到的工作点远，但刚度低）；<br>② 机器人手部在工作范围边界上工作时有运动学上的退化行为 |

### 4. 装配机器人的传感器

传感器是一种按一定的精确度、规律将被测量（物理的、化学的和生物）的信息转换成与之有确定关系的、便于应用的某种物理量（通常是电量）的测量装置。它是装配机器人必不可少的关键部分。传感器一般包括三个部分：敏感元件、转换元件、基本转换电路，如图2-26所示。敏感元件是直接感受被测量，并以确定关系输出某一物理量的元件，如弹性敏感元件可将力转换为位移或应变；转换元件可将敏感元件输出的非电物理量转换成电量；基本转换电路将由转换元件产生的电量转换成便于测量的电信号，如电压、电流、频率等。

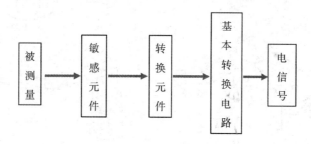

图 2-26　传感器的组成

可以按机器人传感器采集的信号和用途，将机器人传感器分为内部传感器、外部传感器和末端传感器三类（见表2-3）。

**表 2-3　传感器的分类与作用**

| 内部传感器 | 用途 | 机器人的精确控制 |
|---|---|---|
| | 检测的信息 | 位置、角度、速度、加速度、姿态、方向、倾斜、力等 |
| | 所用的传感器 | 微动开关、光电开关、差动变压器、编码器（直线和旋转式）、电位计、旋转变压器、测速发电机、加速度计、陀螺、倾角传感器、力传感器（力和力矩）等 |
| 外部传感器 | 用途 | 了解工件、环境或机器人在环境中的状态 |
| | 检测的信息 | 工件和环境（形状、位置、范围、重量、姿态、运动、速度等），机器人与环境（位置、速度、加速度、姿态等） |
| | 所用的传感器 | 视觉传感器、图像传感器（CCD、摄像管等）、光学测距传感器、超声测距传感器、触觉传感器等 |
| 末端传感器 | 用途 | 对工件的灵活、有效的操作 |
| | 检测的信息 | 非接触（间隔、位置、姿态等）、接触（接触、障碍检测碰撞检测等）、触觉（接触觉、压觉、滑觉）、夹持力等 |
| | 所用的传感器 | 光学测距传感器、超声测距传感器、电容传感器、电磁感应传感器、限位传感器、压敏导电橡胶、弹性体加应变片等 |

传感器的基本性能指标包括灵敏度、量程、精度、温漂和时漂。灵敏度是指传感器输出的变化量与引起该变化量的输入变化量之比，它反映了传感器对被测量的敏感程度。如果是线性传感器，则灵敏度就是静态特性曲线的斜率，如果是呈曲线关系，则灵敏度就是该静态特性曲线的导数。量程是指传感器适用的测量范围。每个传感器都有其测量范围，如超出其测量范围将不可靠，甚至损坏传感器。精度是指传感器在其测量范围内任一点的输出值与其理论值的偏离程度，反映了传感器测量的可靠程度，根据最大引用误差划分为七个精确度等级：0.1、0.2、0.5、1.0、1.5、2.0、2.5、5.0 级。温漂是指温度变化对传感器输出所产生的影响，它是由温度零漂和灵敏度温漂两项指标来表示的。时漂是指衡量传感器长期稳定性的指标，一般是测量时间内传感器零点输出变化的最大值，然后计算出单位时间内与满量程输出相比的百分比。

装配机器人用传感器的选择包括三个方面，即传感器类型的选择、传感器性能指标的确定、传感器物理特征的选择。在传感器类型的选择方面，装配机器人对传感器的一般要求包括精度高、重复性好、稳定性好、可靠性高、抗干扰能力强、重量轻、体积小、安装方便、价格便宜等，具体选择传感器需要综合考虑加工任务的要求、机器人控制的要求和安全方面的要求来选择。在传感器性能指标方面，最关键的性能指标包括灵敏度、线性度、测量范围、精度、重复性、分辨率、响应时间等（见表 2－4）。传感器物理特征的选择方面，包括尺寸和重量、输出形式和可插接性等。

表 2－4　传感器性能指标

| 指标 | 含　义 |
| --- | --- |
| 灵敏度 | 传感器的输出信号达到稳态时，输出信号变化与传感器输入信号变化的比值 |
| 线性度 | 衡量传感器的输出信号和输入信号之比值是否保持为常数的指标 |
| 测量范围 | 传感器被测量范围的最大允许值和最小允许值之差 |
| 精度 | 传感器的测量输出值与实际被测值之间的误差 |
| 重复性 | 当传感器的输入信号按同一方向进行全量程连续多次测量时，其相应测试结果的变化程度 |
| 分辨率 | 传感器在整个测量范围内，所能辨别的被测量的最小变化量，或者说能辨别的个数 |
| 响应时间 | 传感器的输入信号变化以后，其输出信号变化到一个稳态值所需要的时间 |

# 2.3　装配系统的基本形式及其柔性分析

装配系统中的工位可以分为人工工位、混合工位、自动化工位三种基本类型，这三种类型的工位通过物料和信息流连接，形成各式各样的装配系统。因此，装配系统的分类方式也是多种多样。可以根据是否单人装配、劳动者是固定还是移动和是否直线等情况，将这些装配系统简单分为六类，如表 2－5 所示。

表 2 - 5 　 装配系统分类及其特征描述

| 名称 | 示　意　图 | 特　征 |
|---|---|---|
| 传送带装配系统 | (进)　　　　　　　　　　(出)<br>(劳动者) | • 多个劳动者分担整个流程的生产方式<br>• 使用传送带的生产方式 |
| U 形装配系统（流程分割生产） | (进)<br>(出) | • 多名作业员分担流程的生产方式<br>• 一个劳动者可以负责多个流程段的生产方式 |
| 货摊式巡回装配系统（单人） | | • 一个人进行全流程的生产方式<br>• 流程的所有零件都聚集在作业台的周围<br>• 在流程的每个工作台之间巡回的生产方式 |
| 无传送带装配系统 | 作业台　　　　半成品放置处　(出) | • 多个劳动者分担整个流程的生产方式<br>• 摆脱传送带的生产方式 |
| 单人货摊式生产方式（单人） | | • 一个人进行全流程的生产方式<br>• 流程的所有零件都聚集在作业台的周围<br>• 在一个固定的地方完成所有流程 |
| 巡回式装配系统（单人巡回） | (进)<br>(出) | • 一个人进行全流程的生产方式<br>• 生产方式：按照作业程序，将零件放好<br>• 生产方式：一边拿取零件，一边生产 |

（1）传送带装配系统，常称为装配流水线，每一个装配工位只专注处理某一个片段的工作，专业化程度高，以提高工作效率及产量。装配过程封闭，工位按装配工艺顺序排列，装配工件在工位之间单向移动。每道工序都按统一的节拍进行生产。装配流水线一般适合

于产品品种数少、产量大、零部件比较多的产品装配。

（2）无传送带装配系统，将工位之间的传送带去除。与传送带生产线一样，它为直线型，由多个劳动者分段承担流程。工位之间有放置工件的地方，劳动者完成自己负责的装配任务后，将工件交给下一个工位。

（3）U 形装配线（流程分割生产），由多个劳动者分段负责装配任务，不过和传送带方式相比，劳动者人数减少，因此每个操作者所担负的装配工序增多。由于是 U 形，工件出口和入口之间距离变短，故半成品都是面向通道放置的。

（4）单人货摊式装配系统（单人），即一个劳动者在一个固定的地方进行组装的生产方式。该系统中的劳动者负责的装配工序很多，要围绕工作台设置货架，还要将所需零部件都放置在架子上。

（5）货摊式巡回装配系统（单人生产），即劳动者一边在工位之间进行移动，一边进行装配的方式。该系统中在工作台放置着装配所需的零部件，劳动者在移动工件的同时，在不同的工位之间进行更换。

（6）巡回式装配系统（单人生产），即在 U 形装配线中，单个劳动者一边随着工件一起移动，一边进行全部流程的操作。按照装配顺序，确保每个工件全部装配任务的完成。

表 2-6 对六种装配系统在柔性和经济性方面进行了定性比较描述。每种装配系统都有自身的优缺点，没有严格意义上的好坏之分。

**表 2-6　装配系统的柔性和经济性比较**

|  | 传送带流水线 | 无传送带流水线 | U 形装配系统（工作分割） | 货摊式装配系统（单人生产） | 货摊式巡回装配系统（单人生产） | 巡回式装配系统（单人生产） |
|---|---|---|---|---|---|---|
| 生产率 | 产生组合方面的损失 | | | 没有组合方面的损失 | | |
| 生产率 | 没有无效率的行走 | | 有无效率行走 | 没有无效率行走 | 存在无效率的行走 | |
| 生产率 | 换模时间长 | | | 换模时间短 | | |
| 生产率 | 培训时间短 | | | 培训时间长 | | |
| 生产率 | 投资大 | | 每个工位都需配置工具 | | | |
| 柔性 | 增产时 | | | | | |
| 柔性 | 组合发生变化 | | | 组合不发生变化 | | |
| 柔性 | 不熟练劳动者也能应对变化 | | | 只有掌握全部流程的熟练劳动者才能应对 | | |
| 柔性 | 减产时 | | | | | |
| 柔性 | 组合发生变化 | | | 组合不发生变化 | | |
| 柔性 | 需要进行操作培训 | | | 不需要进行操作培训 | | |
| 柔性 | 很难处理其他业务 | | | 很容易处理其他业务 | | |

那么，如何规划具有一定柔性和经济性的装配系统呢？

首先，必须选择一系列装配要求相似的产品，以便装配系统经过调整或简单的改进就能适应新产品的装配工作。如果一套装配系统不能完成一系列产品的全部装配工作，则应该找出它们相似的共同部分，包括装配工作的种类和顺序，连接的数量和位置，零件的种类、要求、大小和质量。

第二，装配系统的所有工位被连接成若干个装配工段，而且每个部分都应该能适应产品变种的要求。可以通过两种途径来实现，一是不同的产品变种都通过所有的装配工位，所有的装配工位都具有适应各种产品变种的柔性；二是某些装配工位是专为特定的产品而设定的。

第三，为了与产量变化相适应，装配系统的能力必须能够快速调整和转换。也可以通过两种途径实现，一是不改变工位数量及其连接结构，只通过调节人数来改变生产能力；二是改变工位数量和连接结构。

最后，也是非常重要的一点，必须充分发挥工人在装配系统中的柔性作用。装配系统规划必须以人为中心，辅之以自动化和信息化手段，减轻工人体力和脑力负荷；从人因工程学的角度，规划装配工作的工位和工作环境，提高工人工作效率。

## 2.5　小　　结

本章描述了装配系统模型及其组成要素，包括工人、工具、工位、工作环境、工作流和装配任务，阐述了这些要素的基本特征，以及这些要素在装配系统中必须满足的基本要求和满足这些要求的常用途径。

## 习　　题

1. 装配系统的核心组成要素有哪些？
2. 如何理解负荷和应力之间的关系？
3. 装配系统工具包括哪些？
4. 气动工具与电动工具相比具有哪些优势？
5. 什么是工位？工位的分类以及实际工作中如何选择工位？
6. 请谈谈装配机器人的构成和其发展趋势。
7. 阐述装配系统柔性要求以及可能的实现途径。

# 第 3 章　规 划 方 法

　　装配系统是一个集成装配技术、物流技术和信息技术的人机作业系统。作为制造企业的重要设施，装配系统具有它的生命周期，其中规划是重要的一个阶段。装配系统规划是指一系列创造性的规划活动，需要利用已有的技术结构模块（组件、装配件、个体系统等）和组织解决方案来设计、描述、构建和配置一个用户友好的产品装配系统。本章分析了装配系统规划的项目管理特征、全生命周期管理特征和企业运作管理特征，阐述了系统化分析和情境驱动相结合的装配系统规划模型，并从项目管理的角度，对装配系统规划项目的目标和进度控制等方面进行了阐述，指出了装配系统规划所需的服务和工具。

## 3.1　装配系统规划的特征

### 1. 项目管理特征

　　装配系统规划本身是一个项目，具有项目管理的特征。项目是在限定的资源及限定的时间内需完成的一次性任务，具有普遍性、目的性、独特性、集成性、创新性和临时性等特性。项目管理指在项目活动中运用专门的知识、技能、工具和方法，使项目能够在有限资源限定条件下，实现或超过设定需求和期望的过程。

　　项目管理包括五大过程：

　　① 启动。启动过程是指批准且有意向往下进行一个项目或阶段。

　　② 计划。计划过程制定并改进项目目标，从各种预备方案中选择最好的方案，以便实现所承担项目的目标。

　　③ 执行。执行指协调人员和其他资源并实施项目计划。

　　④ 监控。监控指通过定期采集执行情况数据，确定实施情况与计划的差异，便于随时采取相应的纠正措施，保证项目目标的实现。

　　⑤ 收尾。收尾是对项目的正式接收，达到项目有序的结束。

　　项目五大过程之间的关系如图 3-1 所示。

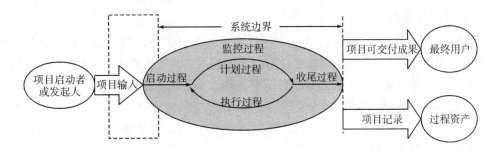

图 3-1　项目五大过程之间的关系

从项目管理角度来说，装配系统规划项目的发起者往往是投资者和管理者，最终用户是操作者，启动输入资料包括企业战略规划和投资规划等，涉及的范围包括装配作业系统、物流系统、信息系统和能源系统等，规划任务的承担者可以是第三方规划服务提供者，也可以是企业内部的规划小组，提交的成果包括装配系统设施规划、结构规划、布局规划、流程图等。作为一个项目，装配系统规划的组织必须坚守费用原则、遵守时间约束和满足需求，提交的成果包括装配系统。

**2. 全生命周期管理特征**

装配系统是企业重要的生产设施，具有自己的生命周期。生产设施的生命周期依次经历系统规划、系统构建、系统采用、系统使用和系统回收五个时期，每个时期都包括三个项目规划阶段（见表 3-1）。

表 3-1　装配系统生命规划周期和阶段（改自：Schenk 和 Wirth，2004）

| 规划时期<br>（Phase） | 系统规划<br>（开发） | 系统配置<br>（组装） | 系统采用<br>（启动） | 系统使用<br>（运作） | 系统回收<br>（处置） |
|---|---|---|---|---|---|
| 规划步骤<br>（Stage） | ① 初步计划（目标，初步项目） | ① 实施计划（实施项目） | ① 启动 | ① 监控（维修，保养） | ① 翻新 |
| | ② 主要计划（主要项目） | ② 测试计划（系统设置） | ② 运行 | ② 变更计划 | ② 关闭（去除） |
| | ③ 详细计划（详细项目） | ③ 调适计划（系统测试） | ③ 正常作业 | ③ 调整（协调，修改） | ③ 再利用，后续使用（回收） |
| 规划频率 | 低 | 一般 | 较高 | 高 | 低 |
| 项目管理 | 子项目管理 | | 适应性管理 | | 再生管理 |
| | 生命周期管理 | | | | |

从设施生命周期管理的角度来说，装配系统规划项目的起因包括新装配系统的构建、现有装配系统合理化、现有装配系统规模扩张和现有装配系统规模缩小四种情况。

**3. 企业运作规划特征**

装配系统规划是整个企业规划的一部分。企业规划具有层次特征，一般可以分为战略层、战术层和运作层。层次越高，规划的时间跨度越大、细节度越低；层次越低，规划的时间跨度越小、细节度越高。上层规划指导下层规划，下层规划是上层规划的分解。每个层级的规划都包括若干规划的阶段和规划步骤，如图 3-2 所示。在大批量生产时代，装配系统规划具有战略性，现在随着多品种/小批量生产时代的到来，装配系统规划越来越具有战术性质，规划的频率越来越高。

基于以上分析，可以总结装配系统规划的一些具体特征（见表 3-2）。

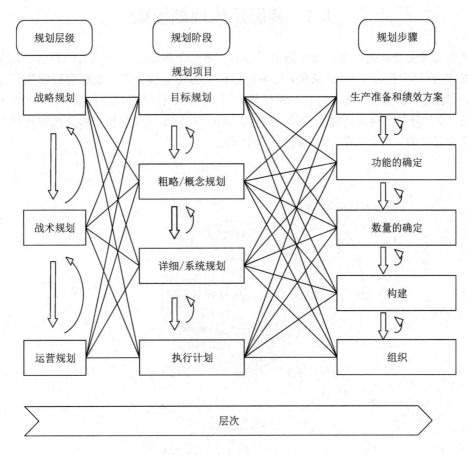

图 3-2　企业规划层次的阶段和步骤(改自：Schenk，2010)

### 表 3-2　装配系统规划的一些具体特征

| 特征指标 | 特征描述 |
|---|---|
| 发起者 | 投资者，使用者，操作者 |
| 合同方 | 第三方规划服务提供者，内部规划小组 |
| 起因 | 新装配系统的构建，现有装配系统的合理化，现有装配系统的规模扩张，现有装配系统的规模缩小 |
| 对象 | 工作系统，物流系统，信息系统，能源系统 |
| 准确度 | 粗略(研究)，中等(计划)，准确(执行) |
| 启动资料 | 战略规划，可行性研究，投资规划，资金投入，招标邀请 |
| 组织 | 客户沟通，坚守费用限制，遵守时间约束，满足需求 |
| 提交的成果 | 一般发展规划，结构规划，设施规划，流程图，布局 |

## 3.2　装配系统规划模型

装配系统是企业生产系统和设施的一部分，是一个各部分有机结合的整体。装配系统可以描述为一个"核心—外围"结构，把装配过程定为主流程，围绕装配过程的物料过程和系统、信息过程和系统、能源过程和系统作为第一围，工作环境包括温度环境、光环境、色彩环境、生化环境、噪声环境作为第二围，如图 3 - 3 所示。一般地，系统化的规划方法是从主流程开始的，然后从第一外围到第二外围。

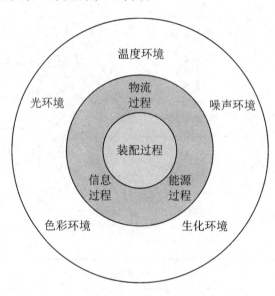

图 3 - 3　系统化的规划方法

装配系统规划需要从整体上系统地进行，同时也需要考虑企业的现状。系统化的规划方法，可以获得一个理想的项目规划结果。但是企业的操作决策必须是基于实际情境的，在实际的执行过程中，往往需要改变理想的规划结果，如在目标、数据、产品、技术、需求、时间、盈利能力等方面进行改变。这些改变涉及系统化规划方法的各个级别、阶段和步骤。因此，系统化和情境驱动相结合的规划模型，比较适合装配系统的规划。

基于以上考虑，本章在 Schenk 等人（2010）的基础上，建立系统化分析与情境结合的装配系统规划模型，如图 3 - 4 所示。该模型从问题和目标开始，到获取客户订单、描述规划任务、规划过程和功能、规划资源数量、规划结构、规划布局、规划工作环境、规划实施等各个阶段。这些阶段的结果可以单独或全部发展为客户或投资者的装配系统规划服务。与此同时，这些阶段为从任务到实现的整个规划奠定了决策基础。各个阶段是循环或者螺旋上升的过程，在发生改变时，每个阶段都会对上游和下游的项目规划活动进行评估，并进行改进。

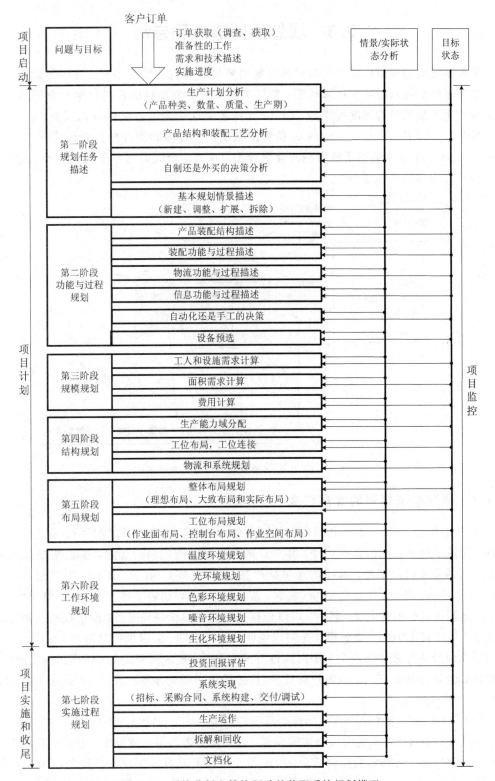

图 3-4 系统分析和情境驱动的装配系统规划模型

# 3.3　规划项目输入和启动

装配系统规划项目的输入和启动的主要内容是描述现有装配系统，找出优缺点；建立目标装配系统的需求说明和技术说明；签订装配系统规划项目的客户订单和合同；制定装配系统实施规划项目的进度安排等。图3-5描述了这个阶段各项任务以及它们之间的联系，图中，"CL"表示客户(Client)，是指装配系统的投资者和潜在操作者；"CO"表示合同方(Contractor)，是指装配系统潜在的规划者和供应商。合同方可以是第三方服务提供者，也可以是公司内部的规划小组。

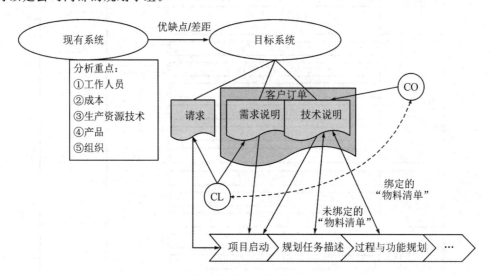

图3-5　装配系统规划项目输入和启动

## 3.3.1　装配系统规划的客户订单

客户订单是由CL和CO共同商定和认可的，以可验证的需求说明和技术说明的形式存在，包括了规划基础信息的文件。客户订单是装配系统规划的起点，也是装配系统规划任务描述的主要信息来源，这些信息包括产品(生产计划)、数量、时间、生产过程、资源(劳动力、厂房、场地、人员)、投资(成本、营业额和利润)和法律等方面。客户订单促发CL和CO之间认可的项目定义。然后，可以根据这些初步的谈判和准备，拟定报价或报价的详细要求。客户订单中两个重要概念是需求说明和技术说明。需求说明是指由CL定义的、需要做什么以及为什么要在这个范围内执行要求的绩效；技术说明是由CO提出的实施概念，即如何以及通过什么方式完成客户的任务(任务描述和解决方案)。表3-3描述了需求说明和技术说明的作用。

CO与CL就需求说明中规定的性能范围的内容、时间和资金方面的可行性进行协调和审查，同时CO起草技术说明作为实施理念。这个实施理念包括所要求的执行范围、支持项目执行辅助设备、协调实施规划活动、阶段和步骤以及具有特定目标日期的决策和控制措施。CL和CO在项目定义阶段的共同说明、由CL给CO提出的报价/订单的请求、CO草

**表 3 - 3 需求和技术说明的作用(资料来源：M. Schenk，et al,2010)**

| 需求说明的作用 | 技术说明的作用 |
| --- | --- |
| 从客户观点描述要求的性能范围和基本条件 | 性能需求范围内实施的理念(由 CO 准备) |
| 考虑性能范围的需求描述 | 以技术和组织解决方案的形式实施需求 |
| 投标和报价的基础 | 支持项目执行的辅助设备(目标、规格) |
| 报价、订单和合同的基础 | 项目设计、实施和验收的基础 |

拟的报价、CL 提出的试运行服务的范围，以及合同中的联合说明都将构成项目开发和实施的基础。这个过程必须进行管理，这是项目管理的内容。一般地，需求说明和技术说明不仅涉及项目启动和定义阶段，还涉及系统规划和实施阶段。在系统规划阶段，要建立需求说明和技术说明的详细设备清单，即整个装配系统的"物料清单"，但是这时物料清单尚未绑定提供者。在实施阶段，通过合同和订单实现物料清单上所有资源和物料(机械/设施)与提供者绑定，获得每个物料的具有约束力的报价和合同。

在获得需求说明和技术说明之前，编制与装配系统规划项目有关的细节问题和目标，必须对新技术的发展和项目定义两方面进行准备工作。与技术发展相关的准备工作包括相关产品工艺技术的最新研究成果、专利、发明、技术发展、预测、创新、参考设计、技术、报告和检查等。与项目定义相关的准备包括制造企业的生产和销售计划、产品(设计、特征)、技术、数量、时间、质量、成本、限制、合作伙伴、决策阶段和投资等。

### 3.3.2 现状与目标描述

现有系统现状和目标系统分析的目的是认识已有装配系统的优缺点，确定对新装配系统的要求。分析重点包括：

(1) 工作人员，包括工作人员数目、工作人员薪水、工作人员技能、人员流动类型、缺席时间、活动描述等；

(2) 成本，包括生产成本、物料成本、保养成本、资本约束等；

(3) 生产资源和技术，包括利用程度、使用情况、使用年限、次品率、工位类型、数量、通信技术类型、连接设备、装配工艺等；

(4) 产品，包括产品尺寸、产品种类、年需求、批量、生产资料、容许误差等。

#### 1. 现状描述

对现有装配系统的合理化、扩展或改造，需要对现有装配系统的实际状态进行分析。这时要好好利用现有装配系统的"库存"数据，包括文件、图纸、产品、生产数量、技术、工艺、生产和物流系统的位置和结构等，还包括装配系统相关的建筑、技术、需求进展、技术水平、楼层空间/房间、时间、约束和盈利能力等。现状数据是装配系统规划的输入变量，包括：① 企业目标；② 产品和产品群的数量、质量、时间、成本；③ 原材料和半成品的产地、质量等；④ 装配系统的生产方式，如每单位时间产量、面向订单的生产情况、小批量和系列产品生产情况等；⑤ 装配设施的主要功能、机械化和自动化、采购的可能性、物流组织和技术；⑥ 工作时间、薪酬制度、劳动力技能水平能力；⑦ 盈利能力，包括目标成本和目标定价、业绩和收入统计、资本支出等；⑧健康、劳动和环境保护，包括资源消耗、计划和执行的时间表等。

**2. 潜力评估**

现有装配系统的潜力评估，其目的是为了获得规划系统的详细信息和知识，发现技术、运作和组织的弱点，并为后续的规划过程提供初始数据。进行潜力评估时，需要明确定义评估潜力的目标、内容和范围，使用合适的员工、特殊方法和辅助设备，以及获得这些潜力的基本条件等。首先要定义评估的潜力领域（能力、产出等）；然后进行装配系统的调查和方法部署。可以从产品数量分析（如 ABC 分析）、装配过程分析、材料/能源/信息流分析、订单处理分析、设备分析、人员分析、成本分析和工作流分析中获得潜力评估所需的数据和信息，并预测可能的改变和可适应性。具有充分依据的潜力评估结果，为确定规划任务、提供目前现状和目标的详细定义、评估解决方案原则提供了基础。

**3. 目标描述**

目标描述是规划的装配系统预期达到的值。企业有长远的战略发展规划，按照企业目标定位，可以分为市场定位型（如增加市场份额、开发新的市场、增加营业额）、盈利型（如利润、营业额、资本回报率）、财务型（如流动性、最小化外部资本、利润）、社会型（如工作满意度、收入和社会保障、个人发展）、声誉型（如自治、社会和政治影响、形象）等基本类型。对于装配系统规划项目来说，可以从以下几个方面进行目标的描述。

（1）在产品方面，包含所有关于经济的市场适销产品的信息（数量、形式、成本）；需要从产品生命周期的角度考虑产品所处的阶段，如产品的开发阶段、使用阶段和回收阶段；与产品相关的固定和可变成本、所需的装配能力、产品的优势和弱势。

（2）在生产方面，需要从客户需求、企业利益和环境方面进行综合考虑。客户需求包括产品质量和有效性、产出速度等；企业利益包括装配成本、过程可靠性、运作和职业安全性、雇员的数量和技能，以及装配系统在产品种类和数量方面的柔性等；环境方面包括材料、信息和能源等的使用、排放和废物的产生等。

（3）在人力方面，包括未来劳动力需求目标、在人力短缺时的计划招聘目标、工作人员的最佳分配目标、劳动力的培训规划使之符合工作需求等。

**4. 确定目标原则**

装配系统的属性有许多，确定目标属性是非常重要的。下面给出确定目标的一般原则：

（1）效率原则。既追求装配系统的生产量，又要满足装配设施和装配工人的利用率要求。

（2）技术原则。在装配系统的质量改善、装配安全、工作和环境改善方面，使用新技术。

（3）人事原则。降低人员更替，降低患病率，人员分配的灵活性，晋级进修的可能性，通过广泛的工作内容促进工作动力。

（4）成本原则。降低生产成本，减低生产间接费用，与技术改变有关的灵活性。

（5）组织原则。与类型多样化有关的灵活性，较低的车间库存，与数量波动有关的灵活性，较短的生产周期，更好的物流。

**5. 目标的评价方法**

在所有确定的目标中，可以分为可计量和不可计量两种。可计量的目标包括降低生产成本，减少车间库存和生产周期，减低患病率，减少人员更替，降低返工成本，降低加工间接成本-附加费用等；不可计量的目标包括改善物流，与数量波动、类型多样化、技术改变和人员分配有关的灵活性，加工安全，人性化工位设计，改善环境设计，通过广泛的工作内容促进劳动积极性等。可计量的目标可以直接用数值进行对比评价，而不可计量的目标则需要利用由定性到定量的对比评价方法，典型的方法包括 0—1 打分法和 0—4 打分法等。

0—1 评分法。目标之间两两比较，重要者得 1 分，不重要者得 0 分，自己与自己比较不得分，用"×"表示。打分完成后，进行累计计分，最后用各目标得分值除以所有指标得分之和即为该指标的权重值。例如，某个装配系统有五个目标，相互间进行重要性对比如表 3-4 所示。0—1 评分法不能直接反映差异很大或很小的目标间的关系。

**表 3-4　0—1 打分法**

| 目标 | A | B | C | D | E | 得分 |
|------|---|---|---|---|---|------|
| A | × | 1 | 1 | 0 | 1 | 3 |
| B | 0 | × | 1 | 0 | 1 | 2 |
| C | 0 | 0 | × | 1 | 0 | 1 |
| D | 1 | 1 | 0 | × | 1 | 3 |
| E | 0 | 0 | 1 | 0 | × | 1 |
| 总分 | | | | | | 10 |

0—4 评分法与 0—1 评分法相似，但其评分标准不同，更能反映目标之间的真实差别。两两比较，非常重要的一方得 4 分，另一方得 0 分；比较重要的一方得 3 分，另一方得 1 分；两者同样重要，则各得 2 分；自身对比不得分。如表 3-5 中，各种目标的重要性关系为 G3 相对于 G4 很重要、G3 相对于 G1 较重要、G2 和 G5 同样重要、G4 和 G5 同样重要。

**表 3-5　0—4 打分法**

| 目标 | G1 | G2 | G3 | G4 | G5 | 得分 | 功能指数 |
|------|----|----|----|----|----|------|----------|
| G1 | × | 3 | 1 | 3 | 3 | 10 | 0.25 |
| G2 | 1 | × | 0 | 2 | 2 | 5 | 0.125 |
| G3 | 3 | 4 | × | 4 | 4 | 15 | 0.375 |
| G4 | 1 | 2 | 0 | × | 2 | 5 | 0.125 |
| G5 | 1 | 2 | 0 | 2 | × | 5 | 0.125 |
| $\sum$ | | | — | | | 40 | 1.000 |

0—1 评分法和 0—4 评分法都是通过主观打分的方法来确定目标权重的，为了降低主观性，往往采用多人打分，取平均值的方法。

# 3.4　进度描述

装配系统规划是一个项目，具有严格的时间进度要求。因此需要应用项目管理中的进度管理方法，规划装配系统规划进程。网络计划技术是项目管理中应用最广的进度管理方法。网络计划技术的基本概念如表 3-6 所示，基本时间参数如表 3-7 所示。网络计划技术中的网络图有单代号和双代号之分，单代号用节点表示工作，双代号用连线表示工作，两者可以互换。表 3-7 是双代号的表示方法。

**表 3-6　网络计划技术的基本概念**

| 主要内容 | 细化内容 | 知 识 要 点 |
|---|---|---|
| 网络图 | 网络图 | 由节点和箭线组成，表示工作流程的有向、有序网状图形 |
| | | 分为双代号和单代号两种 |
| | 虚工作 | 虚工作不消耗时间和资源 |
| | | 双代号网络图中，虚箭线表示虚工作 |
| | | 由工作程序决定 |
| | 具体表现 | 紧前工作、紧后工作、平行工作、先行工作、后续工作 |
| 线路、关键线路和关键工作 | 关键线路 | 总持续时间最长的线路；不只一条；执行过程中会发生转移 |
| | 关键工作 | 关键线路上的工作称为关键工作 |

**表 3-7　网络计划技术基本时间参数**

| 序号 | 参数名称 | 知 识 要 点 | 表示方法 |
|---|---|---|---|
| 1 | 持续时间 | 指一项工作从开始到完成的时间 | $D_{i-j}$ |
| 2 | 计算工期 | 根据网络计划时间参数计算而得到的工期 | $T$ |
| 3 | 最早开始时间 | 指在其所有紧前工作全部完成后，本工作有可能开始的最早时刻 | $ES_{i-j}$ |
| 4 | 最早完成时间 | 指在其所有紧前工作全部完成后，本工作有可能完成的最早时刻 | $EF_{i-j}$ |
| 5 | 最迟完成时间 | 在不影响整个任务按期完成的前提下，本工作必须完成的最迟时刻 | $LF_{i-j}$ |
| 6 | 最迟开始时间 | 在不影响整个任务按期完成的前提下，本工作必须开始的最迟时刻 | $LS_{i-j}$ |
| 7 | 总时差 | 在不影响总工期的前提下，本工作可以利用的机动时间 | $TF_{i-j}$ |
| 8 | 自由时差 | 在不影响其紧后工作最早开始时间的前提下，本工作可以利用的机动时间 | $FF_{i-j}$ |

图 3-6 是一张双代号网络计划图，图中，每一条箭线表示一项工作。工作是泛指一项需要消耗人力、物力和时间的具体活动。箭尾节点表示该工作的开始，箭头节点表示该工作的完成。虚箭线是一项虚拟工作，既不占用时间，也不消耗资源，一般起着工作之间的联

系、区分和断路三个作用。在每个箭线的上方用一个六矩阵格分别表达了每个工作的六个时间参数。在网络图中，工作之间的关系表示方法如表 3-8 所示。

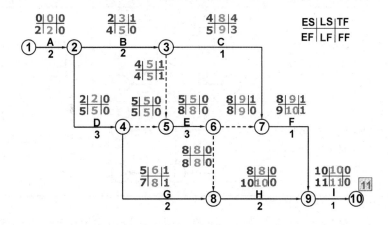

图 3-6 双代号网络计划图

**表 3-8 工作关系表示方法**

| 序号 | 工作之间的逻辑关系 | 网络图中的表示方法 | 说　明 |
|---|---|---|---|
| 1 | A、B 两项工作依次施工 | | A 制约 B 的开始，B 依赖 A 的结束 |
| 2 | A、B、C 三项工作同时施工 | | A、B、C 三项工作平行施工方式 |
| 3 | A、B、C 三项工作同时结束 | | A、B、C 三项工作平行施工方式 |
| 4 | A、B、C 三项工作，A 结束后，B、C 才能开始 | | A 制约 B、C 的开始，B、C 依赖 A 的结束，B、C 为平行施工 |
| 5 | A、B、C 三项工作，A、B 结束后，C 才能开始 | | A、B 为平行施工，A、B 制约 C 的开始，C 依赖 A、B 的结束 |

| 序号 | 工作之间的逻辑关系 | 网络图中的表示方法 | 说　明 |
|---|---|---|---|
| 6 | A、B、C、D 四项工作，A、B 结束后，C、D 才能开始 | | 引出节点 j 正确地表达了 A、B、C、D 之间的关系 |
| 7 | A、B、C、D 四项工作，A 完成后，C 才能开始，A、B 结束后，D 才能开始 | | 引出节点 i 和 j 正确地表达 A、B、C、D 之间的逻辑关系 |

　　装配系统规划模型中，已经大致划分阶段和各个阶段的主要活动，在创建网络图时需考虑到每个阶段之间的相互联系和相互作用的方式。基本上，每一个阶段都与其前阶段集成。在建立网络图计划图时，遵循总体原则、阶段原则和分步原则。总体原则是指规划过程中的全局设计过程(阶段和步骤)，跨学科的团队组成、程序和合作的参与形式，需要首先确定。阶段原则是指对于装配系统生命周期的每一阶段，都必须执行一个单独的项目(如计划、实施、调试)。分步原则是指从里层核心过程到外围过程，从最小的元素开始(如工作站)，建立元素之间的联系来计算邻近区域，直到获得全部的结果。

# 3.5　装配系统规划所需的工具、方法和服务

### 1. 规划工具

　　装配系统规划的每个阶段和步骤都离不开计算机辅助规划工具，特别是图纸、模型和布局图等。这些工具很多，大概可以分为 CAD 类型、VR 类、仿真类以及面向生产设施的规划类。

　　(1) CAD 类包括 AutoCAD、UG、Pro - E、Visio 等工具，这些工具都是数字模型，有二维的也有三维的，用于形象化表达模型，比较直观，一般用于粗略和详细的布局规划。

　　(2) VR 类(虚拟现实类)包括虚拟现实(VR)、增强现实(AR)，是一种比较新的辅助工具，这种工具能够在数字化的计算机模型中复制装配系统的实际情况，建立虚拟世界和物理世界的联系，很好地解决人们对虚拟信息的感知问题。但目前这方面的投资比较大，不仅软硬件系统价格贵，而且必须建立非常昂贵的数字模型。

　　(3) 仿真类包括 Automod、EmPlant、Flexsim、Delmia 等，这些工具都是数字化模型，2D 和 3D 兼备，在建模时，需要结合专家的知识，可以用于布局模型的仿真评价。

　　(4) 面向生产设施规划类包括 Layout Planning、EmPlant、Planopt，这些工具都可以建立数字化模型，模型形象直观，2D 和 3D 兼备，用于布局仿真和流程分析比较多。

　　装配系统规划师需要熟悉和掌握上述工具，至少掌握某些种类，最基础的如 AutoCAD、Visio 等，有条件的可以尝试学习使用 VR 类工具。

**2. 评估方法**

评估是装配系统项目各个阶段决策的基础，在不同的项目规划阶段，选择的评估方法不同。在装配系统规划中，可能用到的评估方法包括以下几类：

（1）定性评估方法，包括利/弊分析法（Advantages/Disadvantages）、强势/弱势分析法（Strengths/Weakness）、机会/风险分析法（Opportunities/Risks）、Delphi 方法（Delphi Method）、SWOT 矩阵（SWOT Matrix）等。

（2）基于时间的评估方法，包括 S-曲线（S-curve）、经验曲线（Experience curve）、环境发展趋势预测（Environmental development trend forecast）、指数均衡（平滑）法（Exponential equalization）等。

（3）要素关系的评估方法，包括场景技术法（最佳、最差、趋势外推法）（Scenario technique(best case, worse case, trend extrapolation)）、Pareto 法（Pareto method）、投资组合法（Portfolio）、聚类分析法（Cluster analysis）、层级分类法（Hierarchical class formation(grouping)）、形态学分析法（Morphological boxes）等。

（4）目标评估方法，包括 KO 过程法（KO process）、检查列表法（Checklists）、标杆法（Benchmarking）、目标履行层次法（Target fulfillment level）、平衡计分卡（Balanced Scorecard(BSC)）、质量功能配置（Quality Function Deployment (QFD)）、顾客偏好测度（Measurement of customer preferences）等。

（5）利益/成本分析方法，包括使用价值分析（Utility value analysis）、工作费用分析（Work expenditure analysis）、利益/成本分析（Benefit/Cost analysis）、回报/付出分析（Revenue/Effort analysis）等。

（6）利润评估方法，包括经济均衡点（Economic equilibrium point）、净现值分析方法（Net present value method）、内部收益率分析方法（Internal rate of return method）、投资回收分析方法（Capital recovery method）、动态回收期（Dynamic payback period）、费用原则（Costing principle）、最佳替换时间确定（Determination of the optimum replacement time）、费用比较法（Cost comparison method）、资金回报率（Accounting rate of return method）、利润率方法（Rate of profit method）等。

（7）业务评估方法，包括损益平衡分析（Break-even analysis）、收入计算（Revenue calculation）、预算计算（Budget calculation）、未来盈利能力价值法（Future earning capacity value method）、资产评估法（Asset value method）等。

**3. 规划服务需求**

伴随制造业的发展，制造业服务化和生产性服务业蓬勃发展。与装配系统紧密相关的生产性服务业主要集中在规划和试运行两个阶段。在规划阶段包括：

（1）分析和研究服务，包括现场检查、市场研究/市场分析、价值分析、可行性研究、组织分析、过程分析、时间研究与时间管理等。

（2）咨询服务，包括技术咨询、工艺咨询、运营资源咨询、法律咨询、组织咨询、融资咨询、质量体系咨询等。

（3）设备设施操作服务，包括现场生产支持、远程机械和工厂操作咨询、与装配相关的培训课程、常见问题解答、热线/远程服务、在线自助服务、工夹具(工夹具制造)、招聘服务等。

(4) 数据管理服务,包括装配数据采集、存储、处理和评估;产品数据采集、存储、处理和评估(质量检验,零件可追溯性);订单数据采集、存储、处理和评估等。

(5) 保养与维护服务,包括设施清洗、预防性维护、调查、远程诊断/远程服务(移动维护)、故障管理、保养、维修、大修等。

(6) 规划任务服务,包括项目管理(进度和成本控制)、采购、文档、网络管理、解决接口问题、组织发展、处理审批程序、贷款、融资、成本估算、技术发展、物料流程计划/流程设计(模拟)、技术规划、施工、工厂/布局规划、符合人体工程学的工作站设计/工业工程(数据计算)、控制/安全概念、工件产量的模拟(机器的工艺适应性)、使用虚拟现实进行测试、3D 人体工学模拟、软件规划等。

(7) 更换/易损件(RP/WP)服务,包括自制 RP/WP、原始 RP/WP 的订购、更换部件服务、库存(RP/WP)、更换部件管理(文件、物流、库存控制、统计、需求确定)等。

(8) 客户沟通服务,包括投诉管理、数据管理、提供产品文档(手册)、记录投诉顾客建议/问题、客户交流经验等。

在试运行阶段包括:

(1) 合同服务,包括招投标服务、专利和许可协议、服务合同、管理合同、设施保险等。

(2) 培训服务,包括用户/操作员培训、基于计算机的培训、在线用户培训、技术培训、维护培训等。

(3) 生产启动初期管理服务,包括装配计划、试运行、故障排除、流程安全、试验批次、变更管理等方面的服务。

(4) 改善服务,包括设施更新/现代化改造、处理技术查询、装配过程诊断、调查空闲时间、过程咨询和优化、远程优化流程、改造和升级、调查节能、安全/风险和危害分析、设施搬迁等。

(5) 再利用服务,包括制定解体计划、二手机械贸易、销售旧零件/设备和机器等服务。

(6) 翻新服务,包括拆卸、翻新、改造、转换/重新安装、大修/改造等。

(7) 处置服务,包括退出服务、旧设备的报废、材料回收、废物管理。

# 3.6　小　　结

本章阐述了装配系统规划在项目管理、设施生命周期和企业运作方面的特征属性,构建了基于系统化方法和情境驱动的装配系统规划模型,并阐明了目标规划和现状分析的方法,指出了装配系统规划项目的进度计划,装配系统规划可能需要用到的部分工具、方法和服务。

# 习　　题

1. 装配系统规划有何特征?
2. 阐述装配系统规划的一般流程。
3. 在装配系统规划中,经常用到的评估方法有哪些?

4. 装配系统规划的描述在装配系统规划过程中处于哪个阶段? 其主要内容是什么?

5. 装配系统规划的现状和目标描述包括哪些内容?

6. 在创建网络图来表示装配系统规划的进度时,一般可遵循什么原则?

7. 试列举装配系统规划在服务方面的需求。

8. 某企业准备为一款新产品规划装配系统,规划活动的信息如表 3-9 所示。

表 3-9 装配系统规划活动信息表

| 工序 | A | B | C | D | E | F | G |
|------|---|---|---|---|---|---|---|
| 紧前工序 | / | / | A | A、B | A、B | E | F、C、D |
| 工时(周) | 4 | 10 | 3 | 6 | 8 | 2 | 3 |

(1) 绘制网络图;

(2) 填写表 3-10(TES:最早开始时间,TLS:最迟开始时间,TF:总时差)。

表 3-10 填 写 表 格

| 工序 | 工期 | TES | TLS | TF | 关键工序(用*标示) |
|------|------|-----|-----|----|----|
| A | 4 | | | | |
| B | 10 | | | | |
| C | 3 | | | | |
| D | 6 | | | | |
| E | 8 | | | | |
| F | 2 | | | | |
| G | 3 | | | | |

9. 某公司的一个装配系统规划项目,建立了种类有关的柔性、产量有关的柔性、人员波动相关的柔性、安全性、晋级机会、包含新手的可能性、个人扩展的可能性、更大表现空间的可能性这 8 个目标。表 3-11 中给出了 0—4 打分法各目标的得分值,请计算各目标的权重。

表 3-11 0—4 打分法各目标得分值

| 序号 | 目 标 | 1 | 2 | 3 | 4 | 5 | 6 | 7 | 8 |
|------|-------|---|---|---|---|---|---|---|---|
| 1 | 种类有关的柔性 | X | 2 | 3 | 2 | 4 | 2 | 2 | 4 |
| 2 | 产量有关的柔性 | 2 | X | 3 | 2 | 4 | 2 | 1 | 4 |
| 3 | 人员波动相关的柔性 | 1 | 1 | X | 1 | 3 | 3 | 3 | 2 |
| 4 | 安全性 | 2 | 2 | 3 | X | 3 | 4 | 4 | 4 |
| 5 | 晋级机会 | 0 | 0 | 1 | 1 | X | 2 | 2 | 2 |
| 6 | 包含新手的可能性 | 2 | 2 | 1 | 0 | 2 | X | 2 | 2 |
| 7 | 个人扩展的可能性 | 2 | 3 | 1 | 0 | 2 | 2 | X | 2 |
| 8 | 更大表现空间的可能性 | 0 | 0 | 2 | 0 | 2 | 2 | 2 | X |

# 第4章 装配任务规划

装配任务规划是装配系统规划的首要任务，需要澄清规划的装配系统在多长时间内，以什么样的质量水平生产什么产品、生产多少的问题。装配任务规划的主要信息来自于企业生产计划和产品装配工艺规程。同时，企业关于自装和外购的决策结果，决定了流入装配系统物料的层级，也会影响装配任务规划。

## 4.1　产品生产计划

企业的生产计划确定了产品生产的节奏，也确定了各个生产阶段的资源能力需求。按计划期长短，企业生产计划可以分为长期生产计划、中期生产计划、短期生产计划。长期生产计划解决产品决策、生产能力决策等问题，属于战略层；中期生产计划解决计划年度内的品种、质量、数量和进度等问题，属于战术层；短期生产计划则具体实施计划，安排生产活动的每一个细节，属于作业层。不同层次计划的特点如表 4-1 所示。

**表 4-1　不同层次计划的特点**

|  | 长期计划战略层 | 中期计划战术层 | 短期计划作业层 |
|---|---|---|---|
| 计划期时间跨度 | 长（多于 5 年） | 中（1 年） | 短（月、旬、周） |
| 计划的时间单位 | 粗（年） | 中（月、季） | 细（工作日、班次、小时、分） |
| 详细程度 | 高度综合 | 综合 | 详细 |
| 不确定性 | 高 | 中 | 低 |
| 管理层次 | 企业高层领导 | 中层，部门领导 | 低层，车间领导 |
| 特点 | 涉及资源获取 | 资源利用 | 日常活动处理 |

按计划的对象来分，可以分为综合生产计划（Aggregate Production Planning，APP）、主生产计划（Master production schedule，MPS）和物料需求计划（Materials Requirement Planning，MRP）。APP 在企业又称为生产大纲或者年度计划，计划的对象是产品群。所谓产品群，是指一类产品，如一个公司生产不同型号的儿童自行车、三轮车和摩托车，每个型号有许多品种，而生产计划只需列出产品群，即自行车、三轮车和摩托车。APP 的计划期通常是 1 年，有些生产周期比较长的，如大型机床，有可能是 2 年或 3 年，计划期内的时间单位是月或者季度。表 4-2 是一个 APP 例子。

表 4-2　综合生产计划（APP）

| 产量/台 | 1 月 | 2 月 | … | 12 月 |
|---|---|---|---|---|
| 产品系列 A | 2000 | 3000 | … | 4000 |
| 产品系列 B | 6000 | 6000 | … | 6000 |

MPS 是对生产计划的分解，指出了每个阶段要生产每个终端产品数量，如每周生产 200 辆型号 A23 的摩托车。MPS 通常以周为单位，在某些情况下，也可能是旬或月。表 4-3 是 A 产品系列的主生产计划（单位：台）。

表 4-3　A 产品系列的主生产计划

| | 1 月 | | | | 2 月 | | | | … | 12 月 | | | |
|---|---|---|---|---|---|---|---|---|---|---|---|---|---|
| | 1 | 2 | 3 | 4 | 5 | 6 | 7 | 8 | … | 45 | 46 | 47 | 48 |
| A1 型产量 | | 320 | | 320 | | 480 | | 480 | … | | 640 | | 640 |
| A2 型产量 | 300 | 300 | 300 | 300 | 450 | 450 | 450 | 450 | … | 600 | 600 | 600 | 600 |
| A3 型产量 | 80 | | | 80 | 120 | | 120 | | … | 160 | | 160 | |
| 合计 | 2000 | | | | 3000 | | | | | 4000 | | | |

MRP 是对主生产计划的分解，指出了所需物料的数量，以及生产部门何时将加工或者使用这些物料。MRP 解决了 MPS 规定的最终产品在生产过程中相关物料的需求问题，包括了什么时间、需要什么和需要多少三个问题。由 MPS 到 MRP 的转换，需要产品的结构信息（BOM）。

# 4.2　装配工艺规程

装配工艺规程是用文件形式规定的装配工艺过程。广义地讲，产品及其部件的装配图、尺寸链分析图、各种装配工装的设计、应用图、检验方法图及其说明、零件装配时的补充加工技术要求、产品及部件的运转试验规范与所有设备图以及装配周期图表等，均属于装配工艺规程范围内的文件。狭义上，装配工艺规程文件主要指装配单元系统图、装配工艺系统图、装配工艺过程卡片和装配工序卡片。

从装配工艺规程中，可以获得以下信息：

（1）设备、工位、区域将要运作的外围区域描述，包括类型、模型、外貌和位置；单位时间内特定的供应或处置类型和数量，如辅助制造材料（升/小时）、废料和碎片（吨/小时）、压缩空气（立方米/小时）、电力（千瓦/小时）；关于质量要求，例如要供应的压缩空气中的额定压力和允许湿度、标称电压、电压类型、容许电压波动（例如提供的电能）以及有关特定连接条件（也即可以获得一份规划装配系统对外围环境的消费清单）。

（2）确定规划的装配系统向外围区域每单位时间/服务产生的量，如辅助制造材料（升/小时）、废切屑（吨/小时）、压缩空气（立方米/小时）、电力（千瓦/小时）等。

（3）对设备的实际情况（可能已经存在）进行调查，以了解其可回收性或可重用性，以及对所需要的任何调整的条件。

（4）记录所有外围环境对装配工艺规程的限制，以及可用的财务手段。

必须为所有流及其设备制定性能程序，例如材料、信息、能量、工装夹具和操作材料流（固体、液体和气态物质）。

# 4.3　派生的装配任务

产品生产计划和装配工艺规程在规划中起主导作用。产品生产计划确定了最终产品生产计划，然而对装配系统规划来说，这还不够，还需要确定相关的部件、组件和合件的装配任务，及其相应的装配工艺规程。

### 1. 产品结构树

产品结构树（Product Structure Tree，PST）是描述某一产品的物料组成及各部分组成的层次结构树，如图 4-1 所示。PST 可以清晰地描述产品各个部件、零件之间的关系，树上的节点代表部件、组件、合件和零件。每个节点都会与该部件的图号、材质、规格、型号等属性信息关联，同时部件、组件和合件节点与相关的装配工艺规程关联，零件节点与相关的加工工艺规程关联。在 PST 中，根节点代表产品或部件，枝节点代表部件、组件或合件，叶节点代表零件。产品结构树的层次划分必须反映产品的功能划分与组成，同时必须考虑产品的生产和商务需求。在产品的总体设计方案完成后，要通过产品结构树来实现产品的功能划分，将产品实物化。产品结构树层次要根据产品复杂程度决定，有的企业把一个系列的产品用一棵树表示，也有的企业一个产品就用一棵树表示。

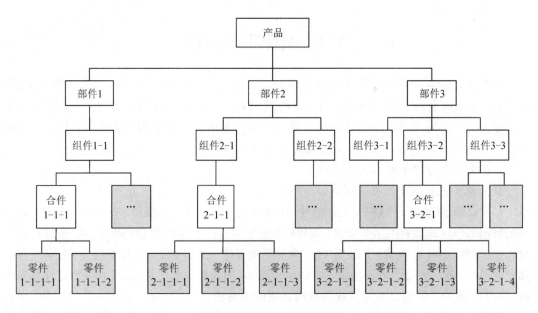

图 4-1　产品结构树

在实际工作中，组成最终产品的部件、组件和合件有的直接采购，有的自己装配。采购还是自装，是装配系统任务规划过程中需要决策的一个问题。

**2. 自装还是购买**

部件、组件和合件自装或外购的决策，是指企业围绕既可自装又可外购的零部件的取得方式而开展的决策，又叫部件、组件和合件取得方式的决策。企业生产产品所需要的零部件，是自己组织生产还是从外部购进，这是任何企业都会遇到的决策问题。需要指出，无论是自装还是外购，都不影响产品的销售收入，而只需考虑这两个方案的成本，哪一个方案的成本低则选择哪一个方案。自装或外购的决策分析一般可采用相关成本分析法和成本平衡点分析法。主要考虑以下三种情况：

（1）自装不需增加固定成本且自装能力无法转移。在企业已经具备的自装能力无法转移的情况下，原有的固定成本属于沉没成本，不会因零部件的自装或外购而发生变动。因此，在这项决策分析中，只需将自装方案的变动成本与外购成本进行比较。如果自装变动成本高于外购成本，则应外购；如果自装变动成本低于外购成本，则应自装。

**例 4-1**　某企业每年需用 A 组件 100 000 件，该组件即可以自装，又可以外购。若外购每件单价为 40 元；若自装，企业拥有多余的生产能力且无法转移，其单位成本为：直接材料 30 元，直接人工 6 元，变动生产费用 3 元，固定生产费用 5 元，单位成本合计 44 元。A 组件是自装还是外购？

根据题意，可采用相关成本分析法。由于企业拥有多余的生产能力，固定成本属于无关成本，不需考虑，自装单位变动成本为 39 元（直接材料 30 元，直接人工 6 元，变动生产费用 3 元），外购单价为 40 元，于是有

$$自装总成本＝100\,000 \times 39＝3\,900\,000（元）$$
$$外购总成本＝100\,000 \times 40＝4\,000\,000（元）$$

因此，企业应选择自装方案，可节约成本 100 000 元。

（2）零部件自装不需增加固定成本且自装能力可以转移。在自装能力可以转移的情况下，自装方案的相关成本除了包括按零部件全年需用量计算的变动生产成本外，还包括与自装能力转移有关的机会成本，无法通过直接比较单位变动生产成本与外购单价做决策时，必须采用相关成本分析法。

**例 4-2**　仍依上例资料。假定自装 A 组件的生产能力可以转移，每年预计可以获得贡献毛益 1 000 000 元。A 组件是自装还是外购？

根据题意，可采用相关成本分析法。由于企业拥有多余的生产能力，固定成本属于无关成本，不需考虑，自装单位变动成本为 39 元（直接材料 30 元，直接人工 6 元，变动制造费用 3 元），外购单价为 40 元。则自装 A 的变动成本为 100 000×39＝3 900 000（元），机会成本为 1 000 000（元），总成本为 4 900 000（元）。外购 A 的成本为 100 000×40＝4 000 000（元）。企业应选择外购，可节约成本 900 000 元。

（3）自装但需要增加固定成本。当自装时，如果企业没有多余的生产能力或多余生产能力不足，就需要增加固定成本以购置必要的设施。在这种情况下，自装零部件的成本，就不仅包括变动成本了，而是还包括增加的固定成本。由于单位固定成本是随产量成反比例变动的，因此对于不同的需要量，决策分析的结论就可能不同。这类问题的决策分析，根据

需要量是否确定,可以分别采用相关成本分析法和成本平衡点分析法(见图 4-2)来进行分析。若零部件的需要量确定,则可以采用相关成本分析法;若需要量不确定,则采用成本平衡点分析法。因需要量确定情况下的自装与否的决策与前例相似,故这里仅就需要量不确定情况下的自装与否的决策进行举例。

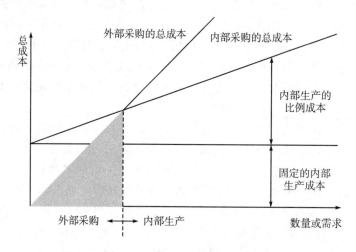

图 4-2　购买与自装决策分析

　　**例 4-3**　企业需要的 B 部件可以外购,单价为 60 元;若自装单位变动成本为 24 元,则每年还需增加固定成本 45 000 元。B 部件是自装还是外购?

　　由于本例部件的需要量不确定,因此需采用成本平衡点分析法进行分析。

　　设:$x_0$ 为成本平衡点业务量,自装方案的总成本为 $y_1$,固定成本为 $a_1$,单位变动成本为 $b_1$;外购方案的总成本为 $y_2$,固定成本为 $a_2$,单位变动成本为 $b_2$。其中:$a_1=45\,000$ 元、$b_1=24$ 元、$a_2=0$、$b_2=60$ 元,则有:$y_1=a_1+b_1x=45\,000+24x$,$y_2=60x$,可求得:$x_0=1250$ 件。这说明,当部件需要量在 1250 件时,外购总成本与自装总成本相等;当部件的需要量在 1250 件以内时,外购总成本低于自装总成本,应选择外购方案;当部件需要量超过 1250 件时,自装总成本低于外购总成本,应选择自装方案。

　　产品、零部件、原材料是自装还是外购?这个问题涉及企业的纵向一体化政策。正确的选择是许多企业长期成功的关键。在生产某个新产品,建立或改进一个生产系统之前,均需对自装与外购做出决策。这些决策不仅影响工艺过程的选择,生产制造系统和管理系统的设计,而且关系到企业生产的经济效益。在进行自装与外购决策时,需要重点考虑以下因素:

　　(1)经济利益。在自装与外购决策时,首先应考虑的主要标准是成本。如果一个部件外购比自装更便宜,则采取外购政策。此时进行成本分析,依据的是增量成本(边际成本)分析原则,即只考虑那些随自装与外购决策而变动的成本。例如,对于有自装生产能力的企业,自装某零部件的增量成本只包括劳动力、材料等直接成本,及动力、燃料等其他净增成本。其他不因决策而发生变动的成本,在进行费用比较时不用考虑。对于无自装生产能力,或需要增加部分生产能力的企业,其增量成本还应包括为增加生产能力所支付的成本。

　　(2)质量保证。控制自装零件的质量可以保证最终产品的质量。而采取外购政策时,对零部件质量的控制可能会有一定困难。若关系到最终产品的质量,则宁可放弃其经济利益。

（3）供应的可靠性。外购来源若不可靠，则应采取自装政策。若供应有可靠的保障，则采取外购政策是十分有利的。需要注意的是要制定适当的采购政策，精选卖主，使企业处于主动地位。

（4）专利。由于专利原因，某些零件的生产可能是受到限制的。对此，要么采取外购政策，要么在进行技术经济分析的基础上考虑购买专利。

（5）技能与材料。某些零件的制造技能可能非常专门化，或者所需材料非常稀缺，或者出于环境保护及政府政策的限制，致使某些零部件不易在本厂自装或某道工序不易在本厂加工，这样就只能采取外购。

（6）灵活性。自装零部件往往会限制产品设计的灵活性和降低生产系统的适应能力。如果一家企业在自装零部件上进行了很大的设备投资，就会限制企业向完全不同的新产品方面的灵活转移。而采用外购件、外协件的形式，则企业不用担心投资过时的问题。环境变化往往会对企业生产系统的适应性提出更高的要求。当需求增加时，自然会产生增加生产能力的要求；当产品品种组合发生重要变化时，则需要调整生产过程；当供应来源发生重大变化时，生产部门也须做出调整。因此，外购件或外协件较多的企业在生产系统的适应性方面也处于有利的地位。

（7）生产的专业化程度。对于加工装配类的企业，生产的专业化程度越高，外购或外协零部件的数量就越多。例如，波音公司的生产物料中有 70% 是外购的。一些大工厂不愿把零部件给小厂去生产，主要是担心质量、成本、期限达不到要求。事实上，大厂与小厂搞好协作，可以节省设备投资和利用小厂成本等优势，对大厂也是有利的。

（8）其他因素。其他诸如营业秘密的控制、供需双方互惠和友谊关系的保持，以及政府的某些规定等，在一定程度上也会影响企业的自装与外购决策。企业在生产缓慢发展时期，为了利用闲置设备，自装可能更有利，然而会造成同供应厂关系的紧张或中断。所以，为了保持与重要供应者的良好关系或互惠关系，往往需要放弃自装的打算。对于一些掌握特殊技术诀窍、工艺配方等的企业，出于保密考虑，也通常采用自装政策或部分自装政策。例如，某些电子行业的工厂，对于使用其产品关键技术、工艺生产的原材料、元器件等，均采用自装政策，其他均可采用外购、外加工、外装配等外购政策。

## 4.4　产品品种规划

品种是生产计划的重要指标之一。品种指标是在计划期内出产的产品品名和品种数，它涉及"生产什么"的决策。企业可能生产很多种产品，但真正为企业带来收益的产品并不多，企业为了保持高收益，必须不断地调整产品结构。战略中经常使用优化资源配置这种说法，但要实现优化，首先要明确资源配置给"谁"，产品就是资源的配置对象。调整产品品种的方法主要有波士顿矩阵法、产品系列平衡管理法、收入盈亏法、李德图法等。

### 1. 波士顿矩阵法（BCG Matrix）

波士顿矩阵法是由美国著名的管理学家、波士顿咨询公司创始人布鲁斯·亨德森于1970 年首创的一种用来分析和规划企业产品组合的方法。这种方法的核心在于要解决如何使企业产品品种及其结构适合市场需求的变化。建立波士顿矩阵的基本步骤如下：

第一步，核算企业各种产品销售增长率和相对市场份额。

市场增长率 ＝(当年市场容量－上年市场容量)/上年市场容量

相对市场份额 ＝本企业某业务的市场份额/该业务中最大竞争对手的市场份额

第二步，绘制四象限图。

纵坐标表示该业务的销售量或销售额的年增长率，用百分数表示，并认为市场成长率超过10%就是高速增长；横坐标表示该业务相对于最大竞争对手的市场份额，用数字0.1～10表示，并以相对市场份额1.0为分界线，如图4-3所示。

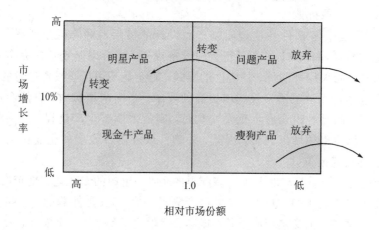

图4-3　波士顿分析方法

在图4-3中，企业的产品分成四类，即明星产品、问题产品、现金牛产品和瘦狗产品，这四类产品的属性如表4-4所示。

**表4-4　产品属性描述**

| 产品类 | 利润 | 现金流 | 战略 |
|---|---|---|---|
| 明星产品 | 高、稳定、增长中 | 中 | 维持增长率或投资以增加增长率 |
| 问题产品 | 低、不稳定、增长中 | 负 | 增加市场份额或放弃 |
| 现金牛产品 | 高、稳定 | 高、稳定 | 维持或增加市场份额 |
| 瘦狗产品 | 低、不稳定 | 中或负 | 放弃 |

如果某企业三种产品系列的市场增长率和相对份额等数据如表4-5所示，则可得到如图4-4所示的波士顿矩阵。

**表4-5　某企业产品的市场增长率和相对份额**

| 产品系列 | 市场增长率 | 销售额 | 对手销售额 | 相对份额 |
|---|---|---|---|---|
| 系列1 | 2% | 2000 | 1500 | 1.3 |
| 系列2 | 12% | 400 | 2000 | 0.2 |
| 系列3 | 15% | 800 | 1200 | 0.6 |

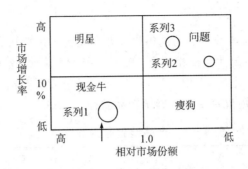

图 4-4 产品系列波士顿矩阵

波士顿矩阵具有直观生动、含有较少的主观因素的优点，可以用于战略研究初期阶段的分析工作，但是也具有过于简单、无法反映出企业尚未涉足的领域的缺陷。另外，在一个缓慢增长的市场上，即使企业处在领导地位，也不能保证现金流量，特别是在一个市场分散的领域中，仅用增长-份额这两个指标来评估经营的重要性很可能是不充分的。经验表明，市场份额和收益之间并不存在十分紧密的联系，不少企业市场份额不大，但收益却很可观。

**2. 产品系列平衡法**

产品系列平衡法是根据市场引力和企业实力确定产品在市场上的地位和规划产品品种的一种定性分析方法。市场引力主要是指企业的外部环境，包括市场容量、利润率、销售增长率等。企业实力主要是指企业内部条件，包括企业的生产能力、技术力量、市场占有率、销售力量、材料和能源的来源以及消耗水平、经营管理水平、工人的数量及素质、设备的效率及数量、成本水平和产品质量等。建立产品平衡法的具体步骤如下：

第一步，用评分法评价企业的市场引力和企业实力。假定将每个指标分成 5 级，分别给予 1、2、3、4、5 分，请既了解企业情况又熟悉市场环境的专家给每个产品打分，整理各产品的得分情况，然后将市场引力和企业实力分别划分成大、中、小三个区域。

第二步，产品定位。以横轴表示企业的实力，以纵轴表示市场引力，绘制矩阵图，将各产品按其得分分别汇入矩阵九个不同的象限之中，如表 4-6 所示。

**表 4-6 产品系列分析**

| | | 企 业 实 力 | | |
|---|---|---|---|---|
| | | 大 | 中 | 小 |
| 市场引力 | 大 | Ⅰ. 提高市场占有率，积极投资 | Ⅳ. 加强和扩大能力，甘冒风险 | Ⅶ. 增加投资，提高市场占有率 |
| | 中 | Ⅱ. 维护现状，争取盈利 | Ⅴ. 维持现状，保持稳定 | Ⅷ. 适当提高能力，争取盈利 |
| | 小 | Ⅲ. 回收资金，作撤退准备 | Ⅵ. 停止投资，进行改进或淘汰 | Ⅸ. 进行淘汰，力争损失最小 |

第三步，分析决策。对各象限的具体情况进行分析，研究确定经营策略。

### 3. 收入盈亏法

收入盈亏法是根据对各种产品的销售收入和利润大小的分析，来确定需要发展的产品品种和产量的。通过定量定性分析相结合，确定生产哪些品种，发展哪些新产品，淘汰哪些落后过时的产品。设某厂生产 A、B、C、D、E、F 六种产品，其销售收入和利润大小按顺序排列如表 4-7 所示。使用盈亏平衡法确定产品品种。

**表 4-7　产品销售收入和利润分析**

| 产品 | | A | B | C | D | E | F |
|---|---|---|---|---|---|---|---|
| 销售收入 | 万元 | 60 | 80 | 20 | 30 | 45 | 6 |
| | 排序 | 2 | 1 | 5 | 4 | 3 | 6 |
| 利润 | 万元 | 8 | 7 | 5.5 | 4.5 | 3 | -1 |
| | 排序 | 1 | 2 | 3 | 4 | 5 | 6 |

以表 4-7 中的销售收入次序为横坐标，以利润次序为纵坐标，把每种产品的销售收入次序与利润次序的交点画在图上，再把各种产品利润与销售收入次序相对应的点进行连接，绘出一条斜线，即可得到销售收入与利润分析图，如图 4-5 所示。

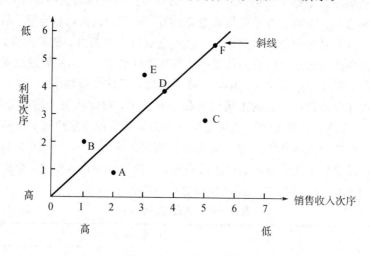

图 4-5　收入盈亏分析

图 4-5 中以斜线为界限，斜线上侧的产品，如 B、E，因为其利润低，销售收入高，所以不宜增加产量，应主要考虑降低成本或提高价格。斜线下侧的产品，如 A、C，因为其利润高，销售收入低，应增加产量。销售收入与利润次序都在斜线后端的产品，如 F 产品，则要考虑淘汰，它如果是新产品就要保留，因为新产品开始投产时往往是亏损的，以后才会获利。

### 4. 李德图法

李德图是由经济学家拉包尔·李德首创的一种用于生产经营决策的图解方法。其特点主要是以资金利润率作为临界曲线，在坐标平面上优化生产计划指标和评价经济效果。李德图经济模型所采用的指标有三个，即资金周转率（$A$）、销售利润率（$B$）和资金利润率（$C$）。资金周转率等于销售收入与资金总额的商，销售利润率等于利润与销售额的商，资金

利润率等于利润与资金总额的商。三者之间满足关系式为

$$C = A \times B$$

根据以上关系，以 $A$ 为纵坐标，$B$ 为横坐标建立平面坐标。当 $C$ 确定为 $C_0$ 时，$A$ 和 $B$ 组合可得到一个对称的双曲线，如图 4-6 所示。根据企业历史资料画出曲线作为资金利润率临界曲线。

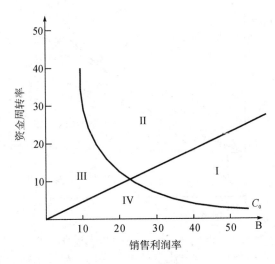

图 4-6　李德图分析

图 4-6 中李德图形成四个区域，资金积累型盈利区（Ⅰ）：这个区域的销售利润较高，但资金周转率低；资金周转型盈利区（Ⅱ）：这个区域的销售利润率较低，但资金周转率高；销售利润过低型亏损区（Ⅲ）：该区域虽然资金周转率高，但因利润过低而使得资金利润率低于临界值；资金周转过低型亏损区（Ⅳ）：这个区域虽然销售利润率高，但因为资金周转过慢而造成资金利润率低于临界值。对于所要评价方案中的具体品种，如果其经营结果是处于Ⅰ、Ⅱ区的，则一般是可取的，但处于Ⅲ、Ⅳ区的是不可取的。当然，最后的决策还要结合企业的经营目标，考虑企业的内部条件和外部环境条件。

应用以上方法对企业产品进行分类后，明白了各种产品的市场地位、企业实力、收入和利润等方面的情况，也清楚了各种产品应该采取的运营策略。在此基础上，对照现有的装配系统情况，可以确定装配系统规划的起因。一般地，装配系统规划的起因包括四种，即新建装配系统、合理化现有装配系统、扩大现有装配系统和缩小现有装配。

# 4.5　产品产量规划

产量也是生产计划的重要指标之一。产量指标是在计划期内出产的合格产品的数量，它涉及"生产多少"的决策。产量确定有两种方法，即量本利分析和线性规划法。本书主要介绍量本利分析方法，线性规划法可以参阅运筹学方面的书籍。量本利又称为盈亏平衡法，所谓盈亏平衡是指利润为零的状态。

（1）单一品种的量本利。假设企业只生产一种产品，利润的计算公式为

$$R = pQ(1-t) - C_v Q - F = Q \times (p - pt - C_v) - F$$

式中：$R$ 为利润；$Q$ 为产量(销售量)；$p$ 为销售单价；$C_v$ 为单位变动成本；$t$ 为销售税率；$F$ 为固定成本。

可以得出如图 4-7 所示的盈亏平衡分析图。当实际销售量小于平衡点 Q 时为亏损，否则为盈利。

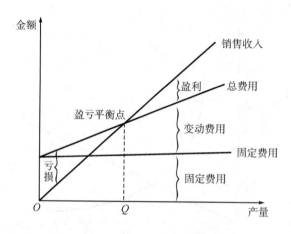

图 4-7　单一产品盈亏平衡图

(2) 多品种的盈亏平衡分析。当企业生产多品种时，盈亏平衡分析的基本程序如下：

第一步，计算各种产品销售额在总销售额中所占的比重，计算公式为

$$销售比重 = \frac{各种产品的销售额}{销售总额}$$

第二步，计算各种产品的加权平均边际贡献率，计算公式为

$$加权平均边际贡献率 = \sum(各种产品的边际贡献率 \times 各种产品的销售比重)$$

第三步，计算整个企业的综合保本销售额，计算公式为

$$综合保本销售额 = \frac{固定成本总额}{加权平均边际贡献率}$$

第四步，计算各种产品的保本销售额与保本销售量，计算公式为

$$各种产品的保本销售额 = 综合保本销售额 \times 各种产品各自的销售比重$$

$$各种产品的保本销售量 = \frac{各种产品的保本销售额}{各种产品的单位销售价}$$

**例 4-4**　某企业计划生产并销售 A、B、C 三种产品，其售价、成本和产量数据如表 4-8 所示，计划期内企业固定成本总额为 23 400 元。请计算 A、B、C 三种产品的盈亏临界点销售额与销售量。

**表 4-8　售价、成本、产量表**

| 项　　目 | A | B | C |
| --- | --- | --- | --- |
| 单价(元) | 60 | 20 | 10 |
| 单位变动成本(元) | 39 | 11 | 6 |
| 预计销量(件) | 1500 | 3000 | 5000 |

**解** （1）预计全部产品的销售总额：

$$60 \times 1500 + 20 \times 3000 + 10 \times 5000 = 200\,000(元)$$

（2）计算各产品的销售比重：

$$A \text{ 的销售比重} = \frac{60 \times 1500}{200\,000} = 45\%$$

$$B \text{ 的销售比重} = \frac{20 \times 3000}{200\,000} = 30\%$$

$$C \text{ 的销售比重} = \frac{10 \times 5000}{200\,000} = 25\%$$

（3）计算各产品的边际贡献率：

$$A \text{ 产品的单位边际贡献} = 60 - 39 = 21$$

$$A \text{ 产品的单位边际贡献率} = \frac{21}{60} = 35\%$$

同样可得：

$$B \text{ 产品的单位边际贡献率} = 45\%$$

$$C \text{ 产品的单位边际贡献率} = 40\%$$

（4）计算企业保本销售额：

$$\text{加权平均边际贡献率} = 35\% \times 45\% + 45\% \times 30\% + 40\% \times 25\% = 39.25\%$$

$$\text{保本销售额} = \frac{23\,400}{39.25\%} = 59\,617(元)$$

（5）计算各产品保本销售额和保本销售量：

A 保本销售额 $= 59\,617 \times 45\% = 26\,828(元)$，A 保本销售量 $= \dfrac{26\,828}{60} = 447(件)$

B 保本销售额 $= 59\,617 \times 30\% = 17\,885(元)$，B 保本销售量 $= \dfrac{17\,885}{20} = 895(件)$

C 保本销售额 $= 59\,617 \times 25\% = 14\,904(元)$，C 保本销售量 $= \dfrac{14\,904}{10} = 1490(件)$

当企业确定了自己的利润目标时，在确定产品的产量时，需要考虑这一目标。这时，

$$\text{综合保本销售额} = \frac{\text{固定成本总额} + \text{目标利润}}{\text{加权平均边际贡献率}}$$

接上例，若企业的目标利润为 11 700 元，则可计算综合的销售总额：

$$\frac{23\,400 + 11\,700}{39.25\%} = 89\,427(元)$$

产品 A 的目标销售额为：

$$89\,427 \times 45\% = 40\,242(元)$$

产品 A 的目标销售量：

$$\frac{40\,242}{60} = 671(件)$$

同理可以计算产品 B 和 C。

# 4.6　产品出产期规划

出产期也是生产计划的重要指标。出产期指标是为了保证交货确定的产品出产期限。各种产品的出产时间和数量，首先满足已有订货合同的订单要求，在安排产品的顺序上，要分清轻重缓急；其次，尽可能保证全年各季各月均衡地出产产品，使设备和劳动力负荷均衡；市场需求有季节性的产品，其出产进度一定要符合季节性要求，并尽可能往前赶。各计划期末都要留出一定的生产能力准备下一计划期生产，以保证各计划期的产品出产进度互相衔接。产品产出进度安排的方法取决于生产类型。一般地，生产类型包括大量生产类型、成批生产类型和单件小批生产类型。

**1. 大量生产类型**

出产进度的安排根据需求量的稳定性或生产任务的饱和程度，具有不同的方法。

第一，当需求量稳定或生产任务饱和时，有如下三种进度安排：平均分配法、均匀递增法和抛物线形递增法，如图4-8所示。平均分配法也叫均衡分配法，适用于市场需要量比较稳定的产品。均匀递增法可以按月递增，也可按季递增，适用于市场对该种产品的需要量不断增加，且企业的劳动生产率稳步提高的情况。抛物线形表示年初增长较快，以后增长较慢的情形，适用于新投产的产品，且市场对该产品的需要量不断增长的情况。

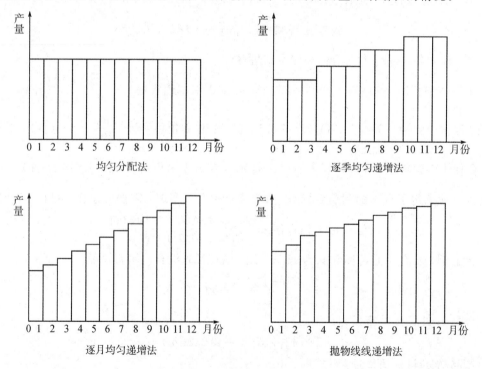

图4-8　大量生产需求稳定出产期确定方法

第二，当需求量不稳定时，安排生产进度的方法包括均衡法、变动法、外包法和折中法，如图4-9所示。均衡法是指产品的需求随季节变动，生产进度按平均产量安排，靠库存、外协来调整生产。变动法是指按照每月的需求量来安排每月的生产量，用减少或增加工时来调节生产，满足需求。外包法是按最低需求安排生产，多余需求通过外包的方式满足。折中法是均衡法和变动法的结合，其生产量的累计线尽可能地符合需求量的累计线，既减少库存又不脱销，使工人的人数比较稳定。

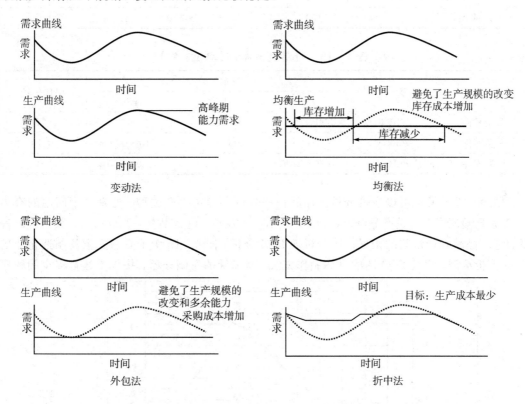

图 4 - 9  大量生产需求不稳定出产期确定

## 2. 成批生产类型

成批生产时应注意以下几个问题：先安排企业的"主流产品"，采取"细水长流"的方式安排；对于产量较少的产品和同类型、同系列的产品，应尽可能安排在同一时期，采用"集中轮番"方式生产，以便减少同期生产的品种，扩大产品批量，简化生产组织工作和生产技术准备工作。大型与小型、尖端与一般、复杂与简单产品等，则要合理搭配生产，以便保证各种机器设备和工种工人的负荷均衡。

## 3. 单件小批生产类型

单件小批生产时应按合同规定的时间要求进行生产，确保交货期，同时照顾人力和设备的均衡负荷。先安排明确的生产任务，对尚未明确的生产任务按概略的计算单位先作初步安排，随着合同的落实，再逐步使进度计划具体化。小批生产的产品尽可能采取相对集中轮番生产的方式，以简化管理工作。

不同行业、不同类型的产品，大小批量的含义有不同的划分标准，详见表 4 - 9 及表4 - 10。

表 4 - 9　零件轻重型划分(单位：kg)

|  | 轻型零件 | 中型零件 | 重型零件 |
|---|---|---|---|
| 电子工业 | <4 | 4～30 | >30 |
| 机床 | <15 | 15～50 | >50 |
| 重型机械 | <100 | 100～200 | >200 |

表 4 - 10　批量划分标准(单位：件)

|  | 大量生产 | 成批生产 | | | 单件生产 |
|---|---|---|---|---|---|
|  |  | 大批 | 中批 | 小批 |  |
| 重型零件 | >1000 | 300～1000 | 100～300 | 5～10 | <5 |
| 中型零件 | >5000 | 500～5000 | 200～500 | 10～200 | <10 |
| 轻型零件 | >50 000 | 5000～50 000 | 500～5000 | 100～500 | <100 |

在实际生产中，可以通过分析产品品种和数量来确定生产类型。处理这个问题的有力工具是 P/Q 分析。P 是产品(Products)，表示产品品种，Q 是数量(Quantity)，表示各品种的产量，品种和产量间的帕累托图分析即 P/Q 分析。图 4-10 所示是一家家具制造企业的 P/Q 分析示例。产品 P/Q 图的具体制作方法：从横轴的左侧开始，按生产数量多少的顺序

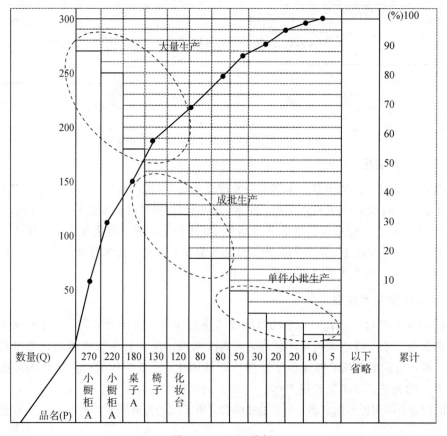

图 4 - 10　P/Q 分析

记入各产品的名称与产量，然后把每个产品的产量从纵轴左侧开始用柱形标识出来，同时将产量百分比在右纵轴的位置进行点的标识，用折线连接各百分比的点，形成曲线。根据 P/Q 图，可以初步确定产品的装配系统类型，即大量生产、成批生产和单件小批生产。

　　一般可以根据生产类型，大概地确定装配产线的类型，大量生产一般使用专用装配线，成批生产和单件小量生产一般使用单元装配系统。用专用生产线，要确保订单较多的型号有足够的供货量，管理重点放在提高熟练度，首先需进行作业经济与流程经济的改善，其次再考虑物流搬运问题，另外还要考虑材料与工装的作业布局改善等问题。单元装配系统可以满足工艺方法接近的不同品种的产品集中生产，有时也叫成组装配线。这种装配线的主要做法是把工艺类似的小订单在一起生产，将多品种、小批量的同类产品在一条线上进行装配，同时有针对地开发很多通用的工装和小型设备。它追求的是进行小批量生产的同时实现短交期和高效率。

# 4.7　产品质量规划

　　质量也是生产计划的重要指标之一，是计划期内产品质量应达到的水平，常采用统计指标来衡量，如一等品率、合格品率、废品率和返修率等，主要包括产品质量等级水平和产品质量合格率水平两个方面的决策。

**1. 确定质量等级水平决策**

　　确定质量等级水平决策，主要方法有质量效益分析法和寿命周期成本法。

　　(1) 质量效益分析，是从企业的角度对产品质量等级水平进行决策分析，着重分析产品质量等级变化与成本、销售收入变化的关系。从总体上讲，产品的成本与销售收入都是随质量等级的提高而增长的，但增长率是有差异的，如图 4-11 所示。由于成本和销售收入增长速度不一样，使得企业的盈利水平呈先增后减态势。企业在进行产品质量等级水平决策时，要使产品的质量等级设计在能使企业获利最大的水平上，即图 4-11 中的第 Ⅱ 等级。

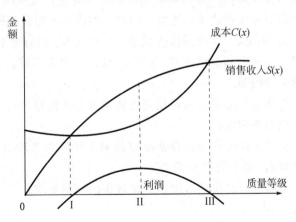

图 4-11　成本、收入、利润和质量变化图

（2）寿命周期成本分析法从用户的立场对产品质量等级进行决策分析，它着重分析产品质量等级与产品寿命周期成本之间的关系。产品的寿命周期成本是指用户购买产品所花费的费用以及在使用过程中所花费的全部费用，即从购买、使用、到报废为止的整个寿命期内一切费用的总和，包括购买成本和使用成本。购买成本是指购买商品时所支出的费用，即商品的售价；使用成本是指产品使用过程中的维护保养、修理费用支出、能源消耗费用等。随着产品质量等级的提高，寿命周期成本先下降后上升如图 4-12 所示。与产品寿命周期曲线最低点相对应的质量等级水平，就是对用户最有利的质量等级水平。在对产品质量等级水平进行决策时，既要考虑用户的利益，又要考虑企业的利益。

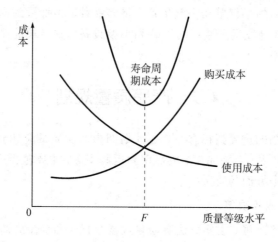

图 4-12　产品寿命周期成本变化

**2. 产品质量合格率水平决策**

质量合格率水平与质量成本存在一定的关系，这种关系可用质量成本特性曲线反映。质量成本的构成由两部分组成：一是运行质量成本，又称内部质量成本，与合格率水平密切相关，是指企业为保证和提高产品质量而支付的一切费用，以及因质量故障所造成的损失费用之和；二是外部质量保证成本，是指为用户提供所要求的客观证据所支付的费用。

运行质量成本又分为四类，即内部损失成本、鉴定成本、预防成本和外部损失成本。

（1）内部损失成本又称内部故障成本，是指产品出厂前因不满足规定的质量要求而支付的费用，如废品损失费用等。

（2）鉴定成本是指评定产品是否满足规定的质量水平所需要的费用，如进货检验费用、工序检验费用、成品检验费用等。

（3）预防成本是指用于预防产生不合格品与故障等所需的各种费用，如质量计划工作费用、质量教育培训费用，新产品评审费等。

（4）外部损失成本是指成品出厂后因不满足规定的质量要求，导致索赔、修理、更换或信誉损失等而支付的费用。

图 4-13 描述了合格率与质量成本之间的关系，其中曲线 $C_1$ 表示预防成本与鉴定成本之和，它随合格品率的增加而增加；曲线 $C_2$ 表示内部损失与外部损失之和，它随合格品率的增加而减少；曲线 $C$ 称为质量成本特性曲线，是上述四项成本之和。

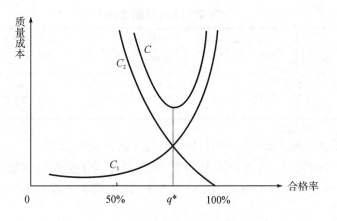

图 4-13　合格率与质量成本之间的关系

# 4.8　小　结

装配系统的任务主要由企业的生产计划确定，生产计划具有产品品种、产量、质量和出产时间四个主要特征，这些特征决定了装配系统的基本类型。自制还是购买决策，确定了企业装配产品的深度，是装配系统规划的重要决策。产品结构可以用来派生装配系统的具体任务。这些概念和方法对于装配系统规划是非常关键的，需要同学们掌握。生产计划给出了最终产品的信息，其他部件、组件和合件的生产计划可以派生出来。装配系统规划时，要检查是否有一个现有的已定义的生产计划可用，或者是否需要起草一个新的。

市场需求是不断变化的，生产计划往往是基于预测的，计划生产的产品数实质是某个概率水平的数学期望。可变生产计划用于处理生产范围的随机变化。其特点是在一个误差范围内设置每个产品的可能生产数量。对规划的装配系统，需要满足最大负荷的生产计划。

# 习　题

1. 某厂计划生产甲产品，销售单价为 600 元，单位变动成本为 250 元，计划年度总的固定费用为 870 万元。

（1）计算盈亏平衡点产量。

（2）若计划产量为 36 000 台，可盈利多少？

（3）为了实现目标利润 1 450 000 元，产量应为多少？

2. 某企业销售甲乙两种产品，全月的固定成本为 65 000 元，其他资料如表 4-11 所示。

（1）企业的保本销售额是多少？

（2）各产品的保本销售量是多少？

（3）企业预计销售利润是多少？

**表 4 - 11 习题 2 表**

| 项　目 | 甲产品 | 乙产品 |
|---|---|---|
| 单位价格 | 80 | 50 |
| 变动成本率 | 0.6 | 0.7 |
| 销售数量 | 4000 | 5600 |

3. 某企业生产一种产品,每台售价为 250 元,销售税率为 10%,去年生产 55 000 台,变动成本总额为 440 万元,固定成本为 145 万元,今年为了提高经济效益,准备采取以下措施,增加产量 6000 台,单位变动成本降低 5%,固定成本压缩 10%,试按照下面的要求计算:

(1) 今年的保本销售量和保本销售额是多少?

(2) 今年比去年增加的利润是多少?

(3) 若今年的目标利润为 75 万元,则今年的目标销售额是多少?

4. 企业现需要一种零件,如以外购方式获得,单价为 80 元:如自装单位变动成本为 28 元,每年还需增加固定成本 50 000 元。请采用成本平衡点分析法计算,该零件应外购还是自装?

5. 什么是产品结构树?如何利用产品结构树派生出产品装配任务?

6. 有哪些常见的产品品种规划方法?请结合实例说明这些方法的应用步骤。

7. 阐述大量生产、成批生产、单批小批生产三种生产类型中产品生产期规划的方法。

# 第 5 章 功能与流程规划

功能与流程规划要解决产品如何装配的问题，即在什么样的条件下、使用什么样的工艺流程、需要什么样的设备和人员等问题。功能和流程规划的基础是装配工艺规程。在规划装配系统的功能和流程时，一方面要关注技术的变化，技术对工艺和设施的适应性起着决定性的作用。每一项基本技术都应参照技术创新成果，如广泛应用新材料、高效环保的装配技术、低成本的原材料、与机械化和自动化相关的工作内容的改变，以及生产和物流流程（和技术）的整合等；另一方面，要广泛收集文件资料，包括产品设计、程序/流程/操作、时间/设备/操作资源等方面的技术资料，生产数量、时间、质量和成本等，这些是功能和流程规划的基础。功能与流程规划大体上包括装配功能和流程规划、物料功能和流程规划、信息功能和流程规划、主要设施的预选等内容。

## 5.1 装配功能与流程

在产品结构图（PST）中，从装配的角度来说，PST 也对应着产品的生产阶段，即产品总装、部件装配、组件装配和合件装配。装配是把具有一定几何形状的物体连接在一起的过程，其基本的功能有连接、处理、监测、调整以及一些特定的操作（见图 5-1）。

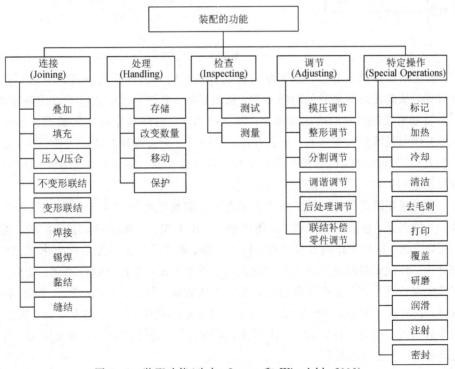

图 5-1 装配功能（改自：Lotter 和 Wiendahl，2006）

装配功能在整个装配过程中应该视为一个整体进行考虑。

产品装配流程图是描述装配功能和它们之间联系的常用工具,是装配中装配任务逻辑关系的网络图表述。因此,装配系统规划的一个重要步骤和内容便是装配流程规划,画出装配流程图,这是下一步规模规划和结构规划的基础。

(1)装配流程图的表达。装配工作用节点表示,相互关系以节点之间的连线表示(直线),如图5-2所示。装配工作在可最早执行的时间点被引入。一个节点处的线段末端表示的是装配任务最晚必须完成的时间点。装配流程图不区分操作与检验,把操作和检验统一当作装配工作,也没有表达物料的流入点。这是装配流程图与程序分析中的工艺程序图的区别。

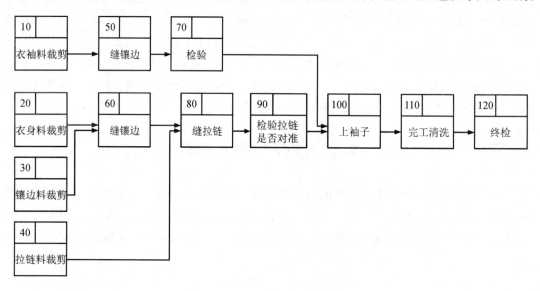

图5-2　装配工艺流程图

(2)装配流程图建立方法。基本方法包括自始至终和自终至始两种。自始至终法从产品零件开始,从装配时间最早的时间点起,从左开始;有许多装配工序可以同时开始,平行分支的数量随着装配步骤的增加而减少;以产品结束。自终至始法的起始点为装配好的产品,装配工作由最晚的时间点起,从右开始;由最后一个可实现的装配工作开始,通过对每个分叉位置进行拆卸可以产生多个组装工作;以零件结束。在实际工作中,也可以结合以上两种方法进行。

(3)装配流程图的评价。从工作内容的角度,装配流程图可从工位和人员两个方面进行评价。工位方面,包括工作范围、工作评定、人体工程、目光接触、语言接触、类型灵活性等;人员方面,包括工作内容整体性、周边工作、新工作内容对能力的要求等。从公司的角度来评价,装配流程图可从这几个方面进行。技术方面,是否可以自动化;功能方面,在自动回路中是否可检测;生产资源方面,生产工具数量、重置成本等;效率方面,技能学习容易程度;物料准备方面,零件数量/体积、零件容器的数量/大小;排放方面,粉尘、气体、蒸汽的排放情况;运输工具方面,工作高度、可进入性;安全性方面,安全区域、零件危害性;负荷方面,考虑行为类型。

(4)装配工序模块化。装配流程图中包括了手工和自动化的装配模块。第一步,标出可自动化的装配工作(图 5 - 3(a));第二步,初步划分手工模块和自动化模块(图 5 - 3(b));第三步,试着进一步分解装配工作,将原来的一个手工装配工作分解成手工和自动化两部分,将尽可能多的可自动化局部安装集合到一个自动模块(图 5 - 3(c))。

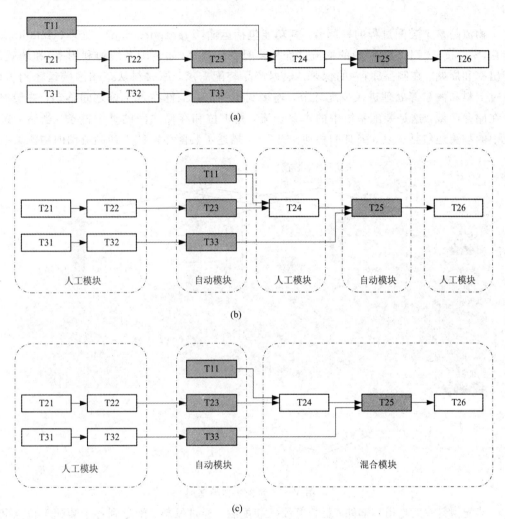

图 5 - 3 装配工序模块化(改自:龙伟,2010)

为了获得一个高质量的装配流程工序,需要注意以下方面:

(1) 贯穿产品生命周期的全过程,集成生产的各个阶段(原材料和最终产品);

(2) 装配友好的产品设计,例如模块化装配原则;

(3) 在一个模块中集成核心和辅助过程,如集成运输、处理和存储等;

(4) 流动设施内接口和外接口的标准化;

(5) 小型化的具有高质量标准的产品、工艺和设备;

(6) 通过新型材料的使用来实现产品轻量化,如通过复合和塑料部件代替钢铁材料;

(7) 力争节能、环保。

# 5.2　物流功能与流程

物流是整个装配过程的一部分，其功能包括运输（Transportation）、处理（Handling）和储存（Storage）（THS）。平稳的物流过程是装配系统效率（如装配系统的利用率）和绩效（如产出率和周期、在制品库存）的保障。根据产品装配需求，原材料从存储区域运输到工位，通过上料和擒拿等处理进入装配环节，连接到工件上，工件在各工位之间移动，并最终存储在储存区域，这是装配系统中的主要物流，是工位和存储之间的整个链条。当然装配系统中的物流还包括工具、夹具的移动。图 5-4 描述了装配生产线上产品流动的物流关系。

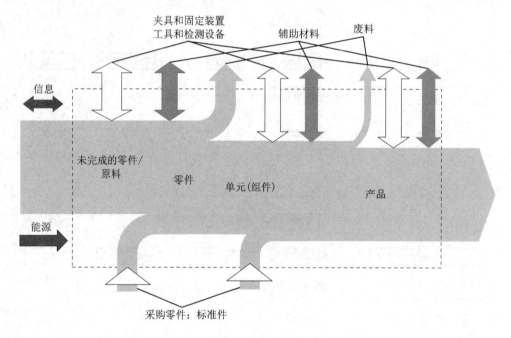

图 5-4　装配物料桑基图

装配物料一般是指零部件、材料等投入装配后，经过发料、配送到各个装配工位点和存储点，以在制品的形态，从一个装配工位流入另一个装配工位，按照规定的装配过程进行装配、储存，借助一定的运输装置，在某个点内流转，又从某个点内流出，始终体现着物料实物形态的流转过程。装配物流一般是在企业的小范围内伴随装配活动而发生的，空间距离的变化不大，时间价值不高，实现的是装配附加价值。装配物流的主要功能要素也不同于社会一般物流。社会一般物流功能的主要要素是运输和储存，其他要素是作为辅助性或次要功能或强化性功能要素出现的，而装配物流的主要功能要素是处理（搬运、定向、排列等）活动。

装配系统中的物流可以分解为物流产品、物流流程、物流系统（设施）三个部分，分成这三个部分后，为物流的规划和控制提供了有利条件。

## 1. 物流产品

物流产品可以是一件商品，也可以是一条信息。物流产品从物理的角度来看，是一种商品,如货物、零件、废物等;从信息的观点来看是信息,如命令、库存、号码等。物流产品的属性可以从结果和过程两个方面进行描述。

在结果方面,包括:

(1) What(种类)。正确的对象,要求对象能够进行识别,例如通过号码(编号、条形码、二维码等)识别;要能够进行分类,分类特征(包括物理特征、化学特征、形状特征等)和范围(广度和深度)明确,要求对象的特性描述简单明了。

(2) How much(数量)。正确的数量,要求能计数、称重等(块:公斤;体积:立方米;件数:单位)。

(3) Where(地点)。正确的地方,要求能记录现场位置的条件(地名、放置坐标(Px、Py、Pz)、现场条件)。

(4) When(时间)。正确的时点和时长,要求记录时间、计算时长(时间点、日期、时间、公差)。

在过程方面,包括:

(1) How,合适的成本,物流过程的有效性和效率。

(2) How,可靠的质量,物流过程的完整性。

(3) How,无害的环境,物流过程的环境兼容性。

在执行物流流程期间,物流对象可能会显示不同的或不断变化的外观。另外,物体也可以嵌套(例如,包装中的零件、包装在容器中的容器、托盘上的容器、盒子容器中的托盘)。

**2. 物流流程**

物流流程包括转型任务和物流运作(见表 5-1),例如运输、处理、储存、分类、标识、标签、包装等。流程描述通常用于记录物流流程、程序或工作指示,表 5-2 详细描述了流程描述的要点。

表 5-1　物流中的操作转换

| 转型任务 | 操作 | 时间 | 地点 | 数量 |
|---|---|---|---|---|
| 保管 | 储存 | $\Delta t$ | | |
| 搬运 | 运输 | $\Delta t$ | $\Delta P$ | |
| | 处理 | | | |
| 数量的变化 | 搜集 | $\Delta t$ | $\Delta P$ | $\Delta Q$ |
| | 分发 | | | |
| 范围的变化 | 排序 | $\Delta t$ | $\Delta P$ | $\Delta Q$ |
| | 分拣 | | | |
| 外观改变 | 填料 | $\Delta t$ | | |
| | 重新包装 | | | |
| | 开箱 | | | |
| | 确定 | | | |

### 表 5－2　流程描述的要点(参见 VDM，2002)

| 描述性细节 | 实施手段 |
|---|---|
| 流程识别 | 这个流程如何表征？ |
| | 流程包含哪些元素？ |
| | 流程从哪里开始和结束？ |
| | 流程在系统中的位置在哪里？ |
| 流程所有者 | 谁负责描述和开发流程？ |
| 流程参与者 | 谁负责流程中的个别任务？ |
| | 这个人有什么功能？ |
| 流程目标 | 这个流程的作用是什么？ |
| | 该流程对内部和外部客户有什么好处？ |
| | 该流程对企业有什么好处？ |
| | 如何衡量和追踪目标？ |
| 流程客户(内部/外部) | 谁从这个流程的结果中受益？可以是后续流程的责任人、立法者、购买者、操作员、产品的用户等 |
| 流程输入 | 启动流程的是什么？ |
| | 为了成功实施它，流程需要什么？可以是信息、文件、产品、指定的周期等 |
| 流程规则 | 什么是输入(材料或信息)？ |
| | 该流程有哪些规范和规则？可以是方法、信息、外部服务标准、适用程序、指导方针、实务守则、程序指示、工作指示等 |
| | 这些规则对这个流程有什么影响？ |
| 处理结果 | 流程的结果(输出)是什么？可以是一种产品、服务、决定、信息等 |
| | 这个结果如何测试？ |
| 流程验证和文档 | 流程需要哪些信息，文件和记录？ |
| | 该流程产生了哪些信息，文件和记录？ |
| 关键流程控制数据 | 用什么参数来控制流程？(截止日期，时间或成本参数) |
| 与其他流程的交互 | 哪些其他流程对此流程有影响？怎么样？ |
| | 哪个流程受到这个流程的影响？怎么样？ |
| 流程供应商 | 谁负责为此流程执行所需的准备工作？这可以是负责前一流程的人员、立法者、顾客、公司等 |

　　物流流程可以用材料流程符号来描述，这些符号及其含义如表5－3所示。这些符号可以结合车间布局，得到装配系统的物流规划，表达物流的位置，如图5－5所示；也可以结合桑基(Sankey)图表达流量的大小；还可以两者都结合，既表示物流的位置，也表示物流的流量大小。当然，如果是新建一个装配系统，此时还没有车间布局信息，则只能表达物流之间的关系和大小。除了用流程符号表达物料流程外，还可以用仿真模型、虚拟实现模型等更加直观的表示方法表达。

**表 5 - 3　材料流程符号**

| 规 定 符 号 | | | 其 他 符 号 | |
|---|---|---|---|---|
| ⇨　▷　→ | ○ | △ | ＋ | □ |
| 运输 | 处理 | 存储 | 装配 | 测试 |

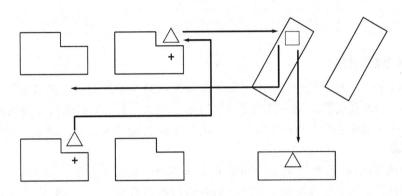

图 5 - 5　结合布局的车间物流规划

表 5 - 4 描述了几种物流形象化描述方法的特点。

**表 5 - 4　物流形象化描述方法的属性**

| 例　子 | 地点位置 | 距离 | 流对象规模 | 流对象类型 |
|---|---|---|---|---|
| 流程符号(国际推荐(FEM)) | 正确位置 | 不按比例 | 没有显示 | 不分类 |
| 车间布局＋流程符号 | 正确位置 | 不按比例 | 没有显示 | 分类 |
| 桑基图＋流程符号 | 不在正确位置 | 不按比例 | 规模流宽度 | 分类 |
| 桑基图＋车间布局＋流程符号 | 正确位置 | 不按比例 | 规模流宽度 | 分类 |
| 仿真模型,动态评估吞吐量时间和库存等参数 | 不在正确位置 | 不按比例 | 显示 | 分类 |
| VR 模型,可以通过仿真和动画来增强 | 正确位置 | 按比例 | 显示 | 分类 |

　　物流流程还可以用从至表(Form-To)来表达,它是一种比较适合计算的物流表示方法,其一般结构如表 5-5 所示。第一列为物流始点,第一行为物流终点,始点和终点之间的物流信息($e_{ij}$)输入表中,$e_{ij}$ 表示始点 $S_i$ 到终点 $Z_j$ 的物流信息,其物流信息的具体涵义有多种:

　　(1) 距离矩阵,表达 $S_i$ 到终点 $Z_j$ 有多远,单位为 km/m;

　　(2) 时间矩阵,表达 $S_i$ 到终点 $Z_j$ 要多长时间,单位为 d/h/min/sec;

　　(3) 加载矩阵,表达 $S_i$ 到终点 $Z_j$ 负载的大小是多少(例如,有多少辆车,旅程);

　　(4) 成本矩阵,表达 $S_i$ 到终点 $Z_j$ 的运输费用是多少,单位为元;

　　(5) 数量矩阵,表达必须将多少个单位从 $S_i$ 输送到 $Z_j$,单位为 t/kg/m³/l 等;

　　(6) 容量矩阵,表达从 $S_i$ 到 $Z_j$ 的路线上有多少运输能力,单位为 t/kg/m³/l 等;

　　(7) 连接矩阵,表达 $S_i$ 和 $Z_j$ 之间是否存在直接连接,取值为(1 = 是,0 = 否);

(8) 关系矩阵，表达 $S_i$ 和 $Z_j$ 之间是否存在运输关系，取值(1 = 是，0 = 否)。

在这些矩阵之间，可以进行各种矩阵计算。

表 5-5　物流从至表

|  | $Z_1$ | $Z_2$ | ... | $Z_n$ |
|---|---|---|---|---|
| $S_1$ | $e_{11}$ | $e_{12}$ |  | $e_{1n}$ |
| $S_2$ | $e_{21}$ | $e_{22}$ |  | $e_{2n}$ |
| ... |  |  | $e_{ij}$ |  |

### 3. 物流系统(设施)

在系统工程中，要研究分析一个系统，需要明确系统的边界、明确系统的输入/输出、系统的环境，同时要指明系统内部的要素、结构和关系。装配物流系统是装配系统的一个子系统，是指在装配系统中由两个或两个以上的物流功能单元构成，以完成物流服务为目的有机集合体。

装配物流系统的"边界"，可以是由建筑物包围分割形成的边界，如一个厂房，也可以是一个装配区间、一个装配工位，可以根据分析的需要自由定义。"输入"是指在装配过程中物流环节所需的劳务、设备、材料、资源等要素，由外部环境向系统提供；"输出"是指任何流程边界的物料；"环境"是指企业环境、车间环境等。

### 4. 物流关系

物流产品、物流流程和物流系统(设施)之间相互关联，形成了以下关系：

(1) 物流产品与物流系统(设施)的关系。物流产品定义了物流系统的要求。物流系统(设施)的尺寸和结构必须保证其位置、功能和能力，以满足其预期的要求/物流性能。

(2) 物流产品与物流流程的关系。物流产品还定义了物流流程的要求。物流流程的设计必须能够满足其预期的要求/物流绩效。同时，这些流程应该被有效和高效地设计。为此，应该根据必要性和执行方式来检查这些操作。

(3) 物流系统(设施)与物流流程的关系。这种关系涵盖了配置(元素和结构)和顺序(过程)的协调，这就要求计划者不断努力实现高容量利用率和吞吐量时间之间的妥协。

## 5.3　信息功能与流程

装配系统中的信息流包含了装配准备和执行的所有信息，其主要功能是对装配系统中的对象和过程进行计划、控制和监测。在生产准备(计划)过程中只存在信息流，而在生产执行(和控制)过程中，物流和信息流必须被视为一个整体。信息流是物流过程的流动影像，信息流的质量、速度和覆盖范围，尤其可以"映照"企业的生产、管理和决策等各方面的"成色"。因此，在装配过程中，必须对整个操作/生产设施相关的信息流进行修正，并且必须对计算机辅助信息流程的性能程序和流量功能进行标注、结构化和设计，并使用所需的设备。信息流，即准备(获取和生成)、处理、交换和存储以编码形式作为数据的信息，都是在计算机的帮助下进行的，如图5-6所示。

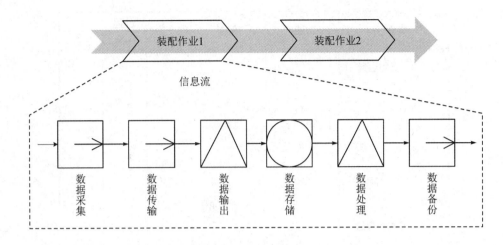

图 5 - 6　信息流的功能

为了有效完成以上功能，维护数据流，需要的技术设备（仪器、系统）包括：

（1）数据采集和准备设备（和系统），例如 PDA 设备；

（2）数据传输设备（和系统），例如通信设备、本地网络；

（3）数据备份设备（和系统），例如访问控制；

（4）数据处理设备（和系统），如计算机、控制系统；

（5）数据存储设备（和系统），例如数据存储媒体、数据库；

（6）数据输出设备，如监视器、显示器、信号。

信息流程的描述方法有许多，图 5 - 7 展示了扩展事件驱动流程链（EPC）的表达方式。在这种方式中，功能由事件触发、组织执行，需要输入信息，同时输出新创建的信息。逻辑连接器 V（AND、OR 和 XOR）用于连接或分离流程。

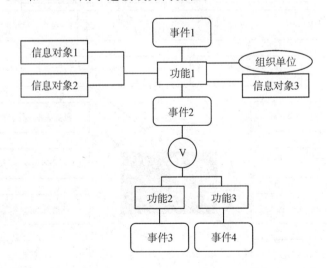

图 5 - 7　扩展事件驱动流程链

图 5 - 8 展示了过程链图（PCD）。PCD 除了使用 EPC 元素外，还使用与 EPC 方法相同的符号，处理类型和用户系统也显示出来。此外，该过程在带有处理信息的图中进行描述。

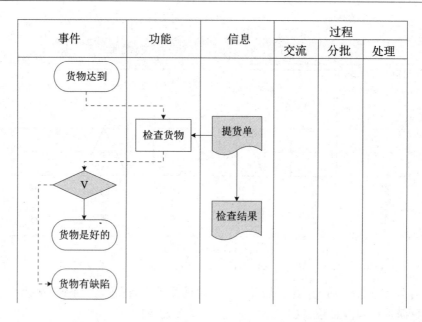

图 5-8　过程链图

# 5.4　设 施 预 选

正确的预选设施是装配系统功能和流程规划的重要内容。设施预选可以按照功能、技术、经济和生态的标准来进行，如图 5-9 所示。

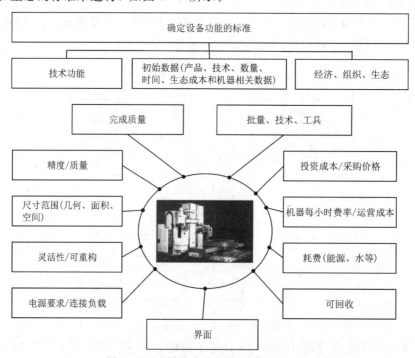

图 5-9　选择设施的准则(改自：Wirth)

在功能和技术方面，考察设施装配过程方式，考察设施本身的质量、尺寸、几何形状、性能、负载、供应、处置和故障参数，注意设施的用户友好性和维护方便性，以及设施的可适应性。

在经济和生态方面，对相同或相似功能的设备从经济和生态角度进行比较并预选。为了选择最佳的设施，必须在能够满足技术功能的条件下，计算设施在全生命周期的成本，这些成本包括收购、安装、调试、运行、维护和环境成本（处置成本）。这些成本的具体构成如图 5 - 10 所示。

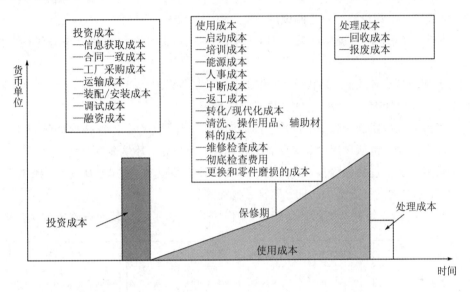

图 5 - 10　设备生命周期费用（改自：Lay，2005）

如果一个设施能够集成新的功能单元/组件，能够调整、扩展和重新编程，并具有标准化的交互界面和连接点，则表明设施具备适应性。

**1. 装配工作相关的设施组件选择**

装配单元相关组件需要考虑的因素：

（1）装配单元尺寸（大小、形状、几何形状、灵敏度），装配类型（组件装配、部件装配、成品组装），装配涉及的材料（种类、重量、处理方式）。

（2）产品的数量，装配单元的类型，生产方式（按订单生产、批量生产）。

（3）零件或组件的质量和精度。

（4）装配单元面积。一般地，装配大型机械、家用电器和汽车的单元面积大于 1500 cm²，装配小型家用电器、机械零部件、电动车、电器和液压元件所需的单元面积在 250～1500 cm² 之间，装配精密仪器、电气/电子元件和气动元件所需的单元面积小于 250 cm²。

（5）装配单元所占空间（长×宽×高）。

（6）装配可以根据类型、数量以及顺序的不同进行划分，有对单个产品进行装配的，也有对多个产品同时装配的，有完整的装配也有只完成其中几项标准操作的装配。

（7）装配工作流程和技术，包括连接、处理、传输、存储、测试和包装等。

与设施相关组件需要考虑的因素：

（1）装配类型，从产品角度可以分为部件装配、常规单种装配、多种组合装配和特殊需求装配；从装配地点角度可以分为固定场所装配、间断流水装配和连续流水装配。

（2）主要设施，包括带辅助设备的手工工作站、通过多种机器人和专用机械进行装配操作的单工位、具有连续或间歇循环时间的多工位、自动装配机、装配中心、装配单元等。

（3）设施尺寸，包括基本工作单元尺寸（工作台、装配单元支架、控制器和外围设备等）、附加联结单元尺寸（压力机、螺钉机、铆钉机、熔接/激光、焊接和测量单元等）、辅助和附加单元（供应站、存储区、夹具、分拣区、交货区、机器人设施、输送机等）、特殊操作设施（清洁设施、冷却设施、去毛刺设施）等。

（4）控制/通信，涉及类型（CNC/SPC/网络服务/互联网等）、模式、可升级性、软件和硬件等。

（5）装配位置，有地面、装配台/工作台、输送机等。

（6）接口，包括燃气、水、空气、数据或信息等。

（7）性能，包括性能参数、生产率、周期时间、可用性、维护、维修时间等。

（8）职业安全，包括可用性、灵活性、移动性、模块化、环境兼容性等。

（9）盈利能力，包括采购价格、运营成本、单件组装成本、成本/效益比、摊销等。

（10）商务合同，包括交货时间、培训、服务等。

图 5-11 给出了装配系统的典型组件，图 5-12 给出了机械装配设施的常见分类。

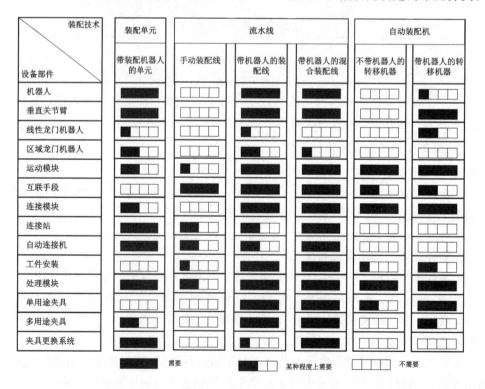

图 5-11 装配系统的典型组件（来源：Lotter 和 Wiendahl，2006）

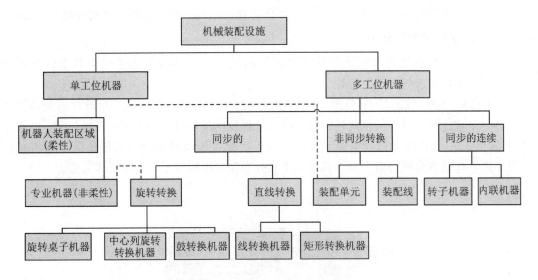

图 5-12 机械装配设施的常见分类(来源:Lotter 和 Wiendahl,2006)

**2. 运输、装卸等物流资源和设施选择**

产品相关组件需要考虑的因素:

(1)对象方面,包括被运输或存储的货物、用于运输或存储的固定装置和没有任务的空箱等。

(2)产品的数量和种类。

(3)特征方面,包括形状特征(几何形状、尺寸和表面结构等)、聚集状态特征(气态、液态、高黏态、散装的固态、打包好的固态等)、固定聚合状态特征(稳定性、流动性或间歇性)、设施质量(单个设施质量、密度和重心)、设施所用材料特性、设施损坏敏感性、气候应力抗性(耐高温性、抗湿性、内部变质容易程度、灰尘和污垢的抗性)等。

(4)包络体属性,包括密度、尺寸(长/宽/高)、承载面、重心、粒径、堆积密度。

(5)运输、装卸过程中涉及的操作,包括运输、处理、存储、分拣、识别、包装等。

设施相关组件需要考虑的因素:

(1)操作模式,可以分为连续/同步操作、间歇/同步操作和间歇操作三种。

(2)主要设施涉及的行为,有上升(主动/被动)、移动(水平/垂直)、存储(固定/移动)、转移(主动/被动)等。

(3)大小,包括工作区域的大小、起重能力的大小和支撑能力的大小。

(4)控制/通信,主要从类型、型号、可升级性三个方面考虑。

(5)移动性,可以分为可移动、固定、可转移、可控制、可携带五类。

(6)接口,主要涉及电力、压缩空气、数据等资源。

(7)性能,可以从生产力、可用性、容量、吞吐量等几个参数来衡量。

(8)从人因工程的角度衡量设施的安全性/可用性,同时考虑柔性/适应性、可移动性和可重构性/模块性,从能效的角度衡量环境兼容性。

(9)盈利能力,涉及购买成本、使用成本、资产清算收益、每部分成本、成本/效益比和摊销几个方面。

（10）交货时间，由合同签订的时间、培训花费的时间、维修占用的时间等因素决定。

### 3. 设施选择的案例分析

某汽车装配厂在装配系统规划过程中面临的是选用气动扳手还是电动扳手的决策问题。规划小组具体进行了以下工作。

（1）结构对比。气动扳手（见图 5-13）依靠高压力的压缩空气吹动马达叶片而使马达转子转动，并通过齿轮对外输出旋转运动，用以对螺栓的反复冲击，从而把螺栓打紧。电动扳手（见图 5-14）是以电动机或电磁铁为动力的，是通过传动机构驱动工作头的一种机械化工具，其中电动机与离合器为核心部件，该部分重量、体积较大，造成工具笨重。

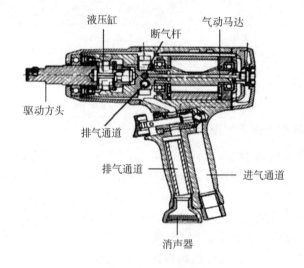

图 5-13　气动工具结构图

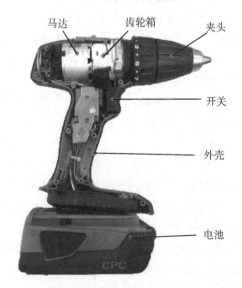

图 5-14　电动工具结构图

（2）工作精度。气动扳手根据扳手自身设计结构、制造精度以及使用的气源气压、冲击作业时间的差异，造成扭力值的不同；电动扳手根据扳手自身设计结构、制造精度以及冲击作业时间的差异，造成扭力值的不同。气动冲击扳手的精度误差为30%，离合断气式扳手的精度误差为10%，而电动冲击扳手的误差为30%，电动定扭扳手的误差为5%。

（3）工作效率。气动冲击扳手能够连续使用；电动定扭扳手在有散热装置的前提下可以连续使用；交流电动扳手连续使用2小时需停用散热15分钟；锂电池电动扳手可连续工作50分钟，需更换电池，电池充电时间为60分钟。在紧固同样螺栓工作时间方面，气动工具效率是锂电工具的3倍，是交流电动工具的1.75倍（见表5-6）。

**表 5-6　气动扳手和电动扳手工作时间比较**

| 验证螺栓规格 | 验证工具 | | | |
|---|---|---|---|---|
| | 气动扳手<br>（B08） | 锂电螺丝批<br>（BD-12） | 气动扳手<br>（B10） | 交流电动扳手<br>GDS18E |
| M6 | 3 s | 9 s | — | — |
| M16 | — | — | 4 s | 7 s |

（4）劳动强度。在重量方面，扭力250 N·m以下的工具对比，从表5-7中可看出交流扳手比气动扳手更重。气动工具更轻巧，扭力能达到500 N·m，气动扳手MI17扳机重量只有2.5公斤，工人可双手扶持操作；而扭力为250 N·m的电动扳手重量达到了3.6公斤，因此必须辅助吊装操作。在震动和噪音方面，空载状态下气动冲击扳手B16噪音为87.8 dB，电动冲击扳手GDS18E噪音为89.8 dB，两种工具空载状态下噪音基本相同；工作状态中气动冲击扳手与电动冲击扳手产生的噪音都在97 dB左右，两者噪音基本相当。电动冲击扳手空载状态下震动相对气动冲击扳手稍小。冲击过程中震动主要产生在冲击部位，电动与气动扳手基本相同。在反作用力方面，气动冲击扳手由于是不断敲击做功，因此基本无反作用力，使用时较为方便，手上承受的作用力不大。电动定扭工具直接输出扭矩做功，使用时需抵消转动带来的反作用力。

**表 5-7　气动工具与电动工具重量比较**

| 力矩范围<br>/(N·m) | 气动扳手 | | 锂电扳手 | | 交流扳手 | |
|---|---|---|---|---|---|---|
| | 型号 | 重量/kg | 型号 | 重量/kg | 型号 | 重量/kg |
| 10~80 | B08 | 1 | BD-12 | 1 | E12 | 1.4 |
| 70~180 | B10 | 1.7 | GDS18V-LI | 1.7 | P1B-DV-12C | 2.6 |
| 190~250 | B16 | 2.9 | — | — | GDS18E | 3.6 |

（5）操作空间及方便性。相同力矩时电动工具体积更大。力矩范围相同时，气动工具的体积要小于电动工具，更方便操作。当工序作业空间狭小时，宜选用气动工具，避免实际装配过程中的干涉现象。

（6）使用安全及环境要求。在耐水性方面，气动工具比电动工具耐水性能强。气动工具能在温度范围很宽、潮湿和有灰尘的环境下可靠工作，稍有泄漏不会污染环境，无火灾爆炸危险。气动工具能够长时间工作，适用于大规模的生产线。电动工具在潮湿的场所或金属构架等导电性能良好的作业场所，尽量使用Ⅱ类或Ⅲ类工具。在用电安全方面，引起电击事故的主要原因包括机器内部各种形式的绝缘机构破坏、零部件脱落引起的外壳带电、工具外部保护系统失效或操作不当使外壳带电等。在不良火花方面，造成不良火花的原因包括短路、断路、换向器跳排、换向器失圆、机器振动、碳刷卡死或磨坏等。不良火花对电动机运行有损害，严重的将造成环火，进而造成火花短路，电动机放炮，损坏电动机。

（7）成本。成本包括耗能成本、维护成本、购置成本和配套设施及其维护成本的分摊四个方面。

在使用能耗方面。气动工具单台能耗成本，空压机 GA400W 数据见表 5-8，B10-16 气动扳手的数据见表 5-9。按照平均电价 0.77 元/kWh 计算，压缩空气（0.5 MPa）的价格为 0.0534 元/m³，气动工具 B10-16 扳手每小时的使用能耗是 2.245 元。电动扳手选取 GDS18E 进行分析（见表 5-10），其每小时的使用能耗是 0.385 元。对比结果显示，不考虑使用效率前提下，在使用能耗上电动扳手较气动扳手每小时节省 1.86 元（2.245-0.385＝1.86），如果每天实际运转时间为 2 小时，则每年可节省 1116 元。

**表 5-8　GA400W 空压机耗能成本**

| 空压机型号 | 0.8 MPa 排气量 /(m³/min) | 每小时排气量 (0.5 MPa)/m³ | 空压机功率 /kW | 每小时电费 /元 | 每 m³ 压缩空气 价格/元 |
|---|---|---|---|---|---|
| GA400W-10 | 60 | 5760 | 400 | 308 | 0.0534 |

**表 5-9　B10-16 气动扳手耗能成本**

| 工具类型 | 规格 | 扭矩 /(N·m) | 0.5 MPa 耗气量 /(m³/min) | 每小时耗气量 /m³ | 每小时使用 成本/(元/h) |
|---|---|---|---|---|---|
| 气动扳手 | B10-16 | 70～180 | 0.7 | 42 | 2.245 |

**表 5-10　GDS18E 耗能成本**

| 工具类型 | 规格 | 扭矩 /(N·m) | 功率 | 每小时耗电量 /(kW·h) | 每小时使用成本 /(元/h) |
|---|---|---|---|---|---|
| 电动扳手 | GDS18E | 70～180 | 500W | 0.5 | 0.385 |

维护成本方面（1 年的维护成本）。气动扳手 B10-16 的维护内容主要是更换叶片、钢球易损件，频次是 3 次/年，每次约 30 元。电动扳手 GDS18E 的维护内容是更换电刷，频次是 3 次/年，每次约 20 元。对比结果显示，工具维护成本气动扳手较电动扳手每年多 30 元。

在投入成本方面。气动扳手 B10-16 使用寿命为 0.5 年，价格为 400 元/把，年均使用 800 元，电动扳手 GDS18E 的使用寿命为 2 年，价格为 3480/把，年均使用 1990 元。对比结果显示，工具投入成本电动扳手较气动扳手每年多 1190 元。

在配套设施投入及维护成本分摊方面。气动工具需要空压机，费用比较高。如 1 台 GA250W-10 空压机大约需 60 万元，压缩空气管道及其他配套设施改造约 60 万元，配备气动工具约 120 把，按使用寿命 10 年分摊，每把气动扳手每年费用分摊 1000 元。每台空压机每年的维修费用约 11.25 万元，折合每把气动扳手每年分摊 937.5 元。电动工具每把功率 0.5 kW，120 把总功率 60 kW，需进行电力增容（约 75 万元）及动力线路的铺设（约 256 万元），按使用寿命 10 年分摊，每把电动扳手每年费用分摊 2758 元。因反作用力超过 60 N·m 时电动扳手需要增加反作用力工装，反作用力达到 250 N·m 时电动扳手的重量达到 3.6 公斤，故必须辅助吊装操作，每套反作用力工装及吊装设备约 2.3 万元，按目前车间所需扭力配备，则约 40% 的工具需按此设置，按使用寿命 5 年计算，折合每台工具每年 1840 元。对比结果显示，配套设施投入及维护成本电动扳手较气动扳手每年多 2660.5 元。

综上所述，总费用对比情况如表 5-11 所示，每把电动扳手较气动扳手每年多 2704.5 元。

**表 5-11　总费用情况对比**

| 费用<br>工具 | 使用能耗<br>/[元/(台·年)] | 工具维护<br>/[元/(台·年)] | 工具投入<br>/[元/(台·年)] | 配套设施投入及维护成本分摊<br>/[元/(台·年)] | 合计<br>/[元/(台·年)] |
|---|---|---|---|---|---|
| 气动工具 | 1347 | 90 | 800 | 1937.5 | 4174.5 |
| 电动工具 | 231 | 60 | 1990 | 4598 | 6879 |

另外，值得说明的是，本书用此例仅为说明设施选择的过程，不能保证用例产品数据的真实性，也不表达对电动工具或气动工具的任何偏好。

## 5.5　小　　结

装配、物流和信息是装配系统中的三大功能和过程，是装配系统技术的三个维度。这三个维度的技术虽各自有自己的发展，但并不相互排斥，而是相互依赖、相互促进的。如装配单元中采用机器人搬运使得物流技术向前发展，3D 打印技术改变了零件的连接方式，自动装配中的机器人传感技术促进信息技术向智能互联方向发展。在规划装配系统时，一方面要关注新材料、新能源的使用推动的装配技术的发展；另一方面要关注因库存控制、周期时间、产品柔性、质量和生产率方面的需求推动的物流技术发展；再一方面要关注因软硬件的发展和在数据的质量、数量、及时性，产品责任和问题分析，过程优化和控制等需求推动的信息技术发展，通过三者的有机集成，实现装配系统的目标。

## 习　　题

1. 简述装配的基本功能。
2. 简述装配物流的基本功能。
3. 简述装配信息流的基本功能。
4. 什么是装配工艺规程？从装配工艺规程中可以获取哪些信息？
5. 装配系统设施预选的原则有哪些？
6. 为装配任务"不锈钢圆珠笔"建立一个装配流程图。已知：
（1）圆珠笔的零件：前端壳体、后端可装按钮的壳体、弹簧、笔芯（由笔尖、笔油管和笔油组成)、铂金装饰环、铝制按钮/止动装置。

(2)零件组装过程：将预装配完成的笔芯(包括弹簧)装入前端壳体、包装、预装配按压单位(按头/止动装置以及延伸部分)、弹簧套入预装配好的笔芯、装饰环套上前端壳体、按压单位装入后端壳体、笔芯预装配(笔头和笔油管)、清洁前端和后端壳体、在后端壳体印上广告语、拧合壳体、笔油管灌满笔油。

(3)注意事项：必须在印上广告语之前对后端壳体进行清洁，在印广告语时还不允许后端壳体上装有任何零件，笔芯要在灌上笔油之后才能进行预装配，在笔芯装入前端壳体之前必须先套上弹簧，装饰环最晚必须在两个壳体拧合之前装上，两个壳体要在其他所有零件装入之后才能拧合，在对前后端壳体进行清洁之前不允许壳体内装有任何零件。

7. 自己拆装一个小型的机电产品。理解产品每一个零部件的功能，划分产品结构，给出产品结构图，在此基础上画出产品装配流程图。

# 第6章  规 模 规 划

规模规划是指所需设备(施)数量、员工数量、占地面积数量以及成本数量的计算。规模规划试图为规划的装配系统回答"需要多少功能设备(施)和满足技术水平需求的工人,需要多少空间面积和生产成本?"的问题。规模规划结果,以表格的形式总结出来,其本质是装配系统的"需求清单",可以用于进行投资和生产费用的决策,也可以用于装配系统的招投标工作,是与供应商进行商务谈判的基础。

## 6.1  设备和劳动力需求计算

设备和劳动力的基本计算方法是指定时间范围内(例如班次、日、周、月或年)的平衡方法。它假定装配系统的工作负载能力应该大于等于预期负载,即:

负载能力≥预期负载

单台(人)的能力×数量≥预期负载

如果考虑到随时间变化的负载,则将其称为动态能力规划,否则称为静态能力规划,如图 6-1 所示。静态能力规划始终是一种简化,因为最终所有负载都随时间变化。

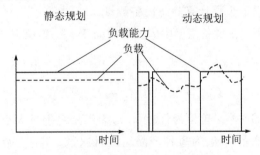

图 6-1  静态和动态能力规划

### 6.1.1  设备和劳动力的静态需求

根据装配工艺流程规划,可以将装配系统分为三种类型的装配模块,即自动化模块、人工模块和人机混合模块。自动化模块只需计算所需设备的数量,人工模块只需计算工人的数量,人机混合模块则要计算两者。

#### 1. 自动化模块中设备需求数量计算

一般而言,所计算的设备数量 $N_E^*$ 被确定为所需能力 $C_E$ 与设备的可用有效能力 $C_{EV}$ 的商:

$$N_E^* = \frac{C_E}{C_{EV}} \tag{6-1}$$

所需的能力也可以根据设备使用时间进行计算。这是从每件设备的产品处理时间中获得的。

$N_E^*$ 必须圆整到整数 $N_E$。在单班和双班的情况下，考虑高峰期可以增加班次数，可以允许设备超载不超过 $10\%$，此时应满足：

$$N_E \geqslant \frac{N_E^*}{1.1} \qquad (6-2)$$

在三班情况下，班次数已经无法增加，此时应满足：

$$N_E \geqslant N_E^* \qquad (6-3)$$

设备的时间利用率 $\eta_E$ 计算如下：

$$\eta_E = \frac{N_E^*}{N_E} \qquad (6-4)$$

负载通常是指在特定时间段内生产需求的时间总量。所需的设备数量可以由此计算：

$$设备数量 \geqslant \frac{总生产需求时间}{单台机器能够提供的生产时间}$$

根据时间计算所需能力的基础是所需的时间，也就是执行任务所需的运行资源需求。它由任务所需的标准时间和所需的额外时间组成。

设备的使用时间，可以分为设备的准备时间 $t_{sE}$ 和设备装配时间 $t_{eE}$。一般地，设备装配一批产品，需要有一次准备时间，然后可以连续装配完成一批产品。假设一个单元在机器上所需的装配时间为 $t_{unE}$，装配批量为 $n$，则设备装配这一批工件所需的时间为

$$t_{uE} = t_{sE} + n t_{unE} \qquad (6-5)$$

基于此，可以按照以下步骤计算静态设备数量：

第一步，计算产品组 $i$ 在设备组 $j$ 中的使用时间 $T_{uE_{ij}}$，单位为分钟。

$$N_{Li} \geqslant N_{Li}^* = \frac{n_i}{n_{Li}} \qquad (6-6)$$

$$T_{uE_{ij}} = n_j \times T_{unE_{ij}} + N_{Li} \times T_{sE_{ij}} \qquad (6-7)$$

式中：$n_j$ 为每个产品组的件数，单位为件/组；$n_{Li}$ 为产品组批量大小，单位为件/批；$N_{Li}^*$ 为计算的每种产品组的批次数；$N_{Li}$ 为每种产品组的批次数；$T_{unE_{ij}}$ 为产品组每件产品装配时间（分钟/件）；$T_{sE_{ij}}$ 为设备准备时间（分钟/批）。

第二步，每种设备的时间需求：

$$T_{uE_j} = \sum_i T_{uE_{ij}} \qquad (6-8)$$

第三步，计算设备组的数量：

$$N_{Ej}^* = \frac{T_{uE_j}}{T_{Evj}} \qquad (6-9)$$

式中：$T_{Evj}$ 为设备组 $j$ 中单台设备的预期运作时间（有效工作时间）。

第四步，每种设备需要部署的数量：

$$N_{Ej} \geqslant N_{Ej}^* \qquad (6-10)$$

第五步，设备 $j$ 的时间利用率：

$$\eta_E \geqslant \frac{N_{Ej}^*}{N_{Ej}} \qquad (6-11)$$

### 2. 人工模块中劳动力数量计算

所需的工人数量（$N_W$）与设备数量类似，适用以下公式：

$$N_W \geqslant \frac{能力需求}{可用能力} \qquad (6-12)$$

可用能力可以分为名义和可用工作时间。

名义工作时间 $T_{Wnom}$ 是工作日 $D_W$ 和每个工作日的小时数 $h_{WD}$ 乘积：

$$T_{Wnom} = D_W \times h_{WD} \qquad (6-13)$$

可用工作时间 $T_{WV}$ 会将工作日的停工时间 $h_{STOP}$ 考虑在内，即

$$T_{WV} = D_W \times (h_{WD} - h_{STOP}) \qquad (6-14)$$

式中，$D_W$ 是一年中的工作天数，如图 6-2 所示，具体根据公司实际情况确定。

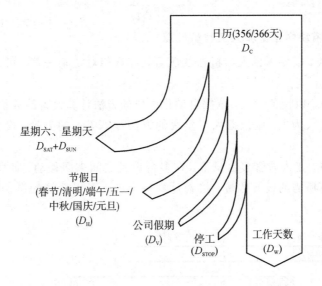

图 6-2 工作天数桑基图

一般地，工人装配一批产品，需要有一次准备时间 $t_{sW}$，然后可以连续装配完成一批产品。假设一个装配单元在模块内所需的装配时间为 $t_{unW}$，装配批量为 $n$，则装配这一批工件所需的时间为

$$t_{uW} = t_{sW} + nt_{unW} \qquad (6-15)$$

基于此，可以按照以下步骤计算静态劳动力数量：

第一步，计算产品组 $i$ 在技能组 $j$ 中的使用时间 $T_{uW_{ij}}$（单位为分钟）：

$$N_{Li} \geqslant N_{Li}^* = \frac{n_i}{n_{Li}} \qquad (6-16)$$

$$T_{uW_{ij}} = n_j \times T_{unW_{ij}} + N_{Li} \times T_{sW_{ij}} \qquad (6-17)$$

式中：$n_j$ 为每个产品组的件数，单位为件/组；$n_{Li}$ 为产品组批量大小，单位为件/批；$N_{Li}^*$ 为计算的每种产品组的批次数；$N_{Li}$ 为每种产品组的批次数；$T_{unW_{ij}}$ 为产品组每件产品装配时间（分钟/件）；$T_{sW_{ij}}$ 为换模和准备时间（分钟/批）。

第二步，劳动力的时间需求：

$$T_{uW_j} = \sum_i T_{uW_{ij}} \tag{6-18}$$

第三步，计算劳动力的数量：

$$N_{W_j}^* = \frac{T_{uW_j}}{T_{Wv_j}} \tag{6-19}$$

$T_{Wv_j}$ 为技能组 $j$ 中一个劳动力的有效工作时间。

第四步，技能组 $j$ 需要的人数：

$$N_{W_j} \geqslant N_{W_j}^* \tag{6-20}$$

第五步，劳动力的时间利用率：

$$\eta_E \geqslant \frac{N_{E_j}^*}{N_{E_j}} \tag{6-21}$$

### 3. 人机混合模块中设备和人工数量计算

人机混合模块，需要考虑人与机器的配合，计算相对复杂一些。可以分为以下几种情况进行分析计算。

（1）一人一机。以设备为主，依据自动化模块的方法计算设备的数量，工人的数量等于设备的数量。以工人为主，则依据人工模块的方法计算工人的数量，设备的数量等于工人的数量。

（2）一人多机。工人看管多台设备，在多台设备之间来回移动，如图 6-3 所示。这种情况下，可先计算所需的设备数量，接着计算一个工人可以看管的设备数量，最后计算出所需的工人数。

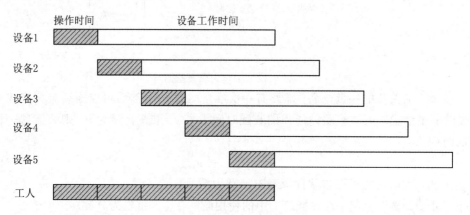

图 6-3　工人多设备看管

工人可以看管的设备数量，计算公式如下：

$$N_{MMOkj} = \frac{L + E}{L + W} \tag{6-22}$$

式中：$N_{MMOkj}$ 为职业组 $k$ 的一名工人操作设备组 $j$ 的数量；$L$ 为装卸工件的操作时间；$E$ 为设备工作时间；$W$ 为工人从一台设备走到另一台设备的时间。

在这种情况，一个装配单元所需的设备装配时间 $t_{unE} = L + E$，人工装配的实际时间 $t_{unW} =$

$L+W$。此时，应用自动装配模块计算设备数量的方法时，应考虑多设备看管的损失因素和生产率因素，需要对公式(6-7)调整如下：

$$T_{uE_{ij}} = \frac{f_{lj}}{f_{pj}}(n_j \times T_{unE_{ij}} + N_{Li} \times T_{sE_{ij}}) \tag{6-23}$$

式中：$f_{lj}$ 为损失系数，包括组织 MMO 的停工时间，如当 $N_{MMO}=2$、$3$ 时，$f_l=1.14$；$f_p$ 为生产率因素；其他同公式(6-7)。

这样，可以应用式(6-8)、式(6-9)、式(6-10)、式(6-11)计算出设备组 $j$ 所需部署的数量 $N_{E_j}$。看管设备组 $j$ 所需的技能组 $k$ 的工人的计算数量为

$$N_{W_j}^* = \frac{N_{E_j}}{N_{MMOkj}} \tag{6-24}$$

最后，可由式(6-20)、式(6-21)分别确定所需的人数和利用率。

（3）多人一机。这是一种人机联合操作的情形。工人与工人之间、工人与设备之间联合操作。首先计算所需设备的数量，接着计算一台设备所需的工人数量，最后计算所需的工人数量。

在图 6-4 中，一个装配单元在设备上装配所需的实际设备装配时间包括工作和空闲两个部分，而预设时间往往只包括工作时间部分。所以在计算所需设备数量时，需要考虑人机联合操作引起空闲时间的损失和生产率因素。因此，在应用自动化模块中所需设备数量来确定设备的数量时，公式(6-7)要做类似公式(6-23)的调整。工人的数量等于每台设备所需的人数之和。

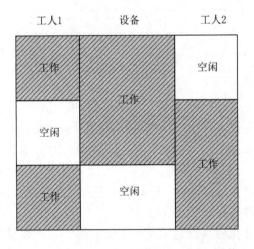

图 6-4　两人操作一台设备联合操作分析

（4）多人多机。指多人联合操作多台设备，工人和设备没有绑定，工人可以在多台设备之间来回走动，可以有效利用工人的空闲时间。

假设一个单元在模块内所需的预设机器装配时间为 $t_{unE}$，预设人工装配时间为 $t_{unW}$，装配批量为 $n$。此时，设备数量的计算方法和多人一机的设备计算方法是一样的。这里只分析工人数量的计算方法。

可以应用人工模块中确定工人数量的方法来确定所需的工人数量，只是在应用式(6-17)时，要考虑多人多机联合操作的损失因素和生产率因素，进行如下调整：

$$T_{\mathrm{uW}_{ij}} = \frac{f_{1j}}{f_{\mathrm{p}j}}(n_j \times T_{\mathrm{unW}_{ij}} + N_{\mathrm{L}i} \times T_{\mathrm{sW}_{ij}}) \qquad (6-25)$$

在多人多机中，仅仅确定工人数量是不够的。$N_{\mathrm{WF}}$ 应该单独确定，但仍然需要联系 $N_{\mathrm{E}}$ 进行考虑，要考虑操作设备所需工人的技能结构（多技能和多机床操作工）。另外，$T_{\mathrm{Ev}} \neq T_{\mathrm{Wv}}$，工作人员可以比设备更灵活地部署，设备的停工天数与工作人员停工天数的范围和时间不相同。就时间而言，劳动力可以有更大的利用率（$\eta_{\mathrm{W}} \geqslant 90\%$）。

$N_{\mathrm{W}}$ 应该根据职业类别进行计算调整。职业组中的人员可以操作不同的设备，即它有可能计划在同一个班次内同时或者连续地操作不同的设备。如职能组 $k$ 能够操作三个装配区域的工作，在工作区域 1，$N_{\mathrm{W}_1}^* = 0.48$，则 $N_{\mathrm{W}_1} = 1$；在工作区域 2，$N_{\mathrm{W}_2}^* = 1.37$，则 $N_{\mathrm{W}_2} = 2$；在工作区域 3，$N_{\mathrm{W}_3}^* = 0.65$，则 $N_{\mathrm{W}_3} = 1$。由此可得，总计需要的人数：$N_{\mathrm{W}} = 4$ 人。但是 $\sum_{i=1}^{3} N_{\mathrm{W}_i}^* = 2.5$，$N_{\mathrm{W}} = 3$。这就需要将第二个区域的部分工作任务分配给区域 1 或者区域 3。可以通过改变 $T_{\mathrm{uE}}$，寻求 $N_{\mathrm{E}}$ 和 $N_{\mathrm{W}}$ 的减少。

**例 6-1** 更改设备使用时间。已知：不同数量的加工设备（见表 6-1）。求最佳的机器利用率和最少的机器数量 $s$。

**表 6-1 调整设备使用时间以提高能力**

| PAT | $N_{\mathrm{W}_j}^*$ | | | $N_{\mathrm{W}_j}$ | | |
|---|---|---|---|---|---|---|
| DRT 36 | 1.2 | $-0.2$ | | 2 | 1 | 1 |
| DRT 50 | 1.3 | $+0.2$ | $-0.5$ | 2 | 2 | 1 |
| DRT 80 | 1.3 | | $+0.5$ | 2 | 2 | 2 |
| $\sum$ | 3.8 | | | 6 | 5 | 4 |

算术上，需要 3.8 台设备，但实际上，必须使用 6 台设备。由于利用时间的不利分配导致产能利用率差，调整 $T_{\mathrm{uE}}$ 可以节省机器；在所示的例子中，不需要 6 台，只需要 4 台设备。

如果调整 $T_{\mathrm{uE}}$，则应注意以下原则。

(1) 仅从具有较小技术操作区域的机器到具有较大技术操作区域的机器；

(2) 从低精度的机器到高精度的机器；

(3) 通过从低度自动化到高度自动化、从较小的 MMO 数量变为较大的 MMO 数量、减少轮班次数等方式节省所需工人的数量；

(4) 应该以高水平的人力资源利用率（$\eta_{\mathrm{WF}} \geqslant 90\%$）为目标。

确定设备和劳动力规模的优先原则是费用最少，其次是机器设备数量最少，然后是劳动力最少。

多人联合操作中，多个工人组成一个团队，共同自主的执行任务。这些任务包括计划、控制、执行/操作、监控和生产支持活动，以及装配工作的持续改进，时间、成本和品质的责任在于团队，这样的团队称之为可适应性团队。表 6-2 列出了传统团队与可适应性团队的区别。

表 6-2　传统团队与可适应团队比较(资料来源：Hildebrand，2005)

| | | | | | |
|---|---|---|---|---|---|
| **传统团队** | 团队存在时间 | 长期(√) | | 中期 | 短期 |
| | 团队规模 | 固定(√) | 可变 | | |
| | | | 缩小 | | 扩大 |
| | 团队技能 | 固定 | 可变(√) | | |
| | | | 提高(√) | | 简化 |
| | | | 连续的(√) | 间断的 | |
| | 任务内容(定性) | 固定(√) | | | 可变 |
| | 任务内容(定量) | 固定 | 可变(√) | | |
| | | | 弱多样性(√) | | 强多样性 |
| | 可能的变化程度(工作任务) | 低(√) | | | 高 |
| | 团队之间任务的组织连接 | 固定(√) | | | 可变 |
| **可适应团队** | 团队存在时间 | 长期(√) | 中期(√) | 短期 | |
| | 团队规模 | 固定 | 可变(√) | | |
| | | | 缩小(√) | | 扩大(√) |
| | 团队技能 | 固定 | 可变(√) | | |
| | | | 提高(√) | | 简化(√) |
| | | | 连续的(√) | 间断的(√) | |
| | 任务内容(定性) | 固定 | | | 可变(√) |
| | 任务内容(定量) | 固定 | 可变(√) | | |
| | | | 弱多样性(√) | | 强多样性(√) |
| | 可能的变化程度(工作任务) | 低 | | | 高(√) |
| | 团队之间任务的组织连接 | 固定 | | | 可变(√) |

## 6.1.2　设备和劳动力的动态需求

生产的负载随时间而变化。这些时间相关的变化在静态需求规划中没有考虑。在静态需求规划中，它假定需求均匀分布，且装配系统的能力与之同步。此外，规划不应忽视生产过程的复杂产品结构和时间依赖性。可以通过动态计算，考虑设施之间的时间关系，描述生产设施中运行的复杂过程，并且可以根据动态相互作用考虑时间影响。

例如：4 个生产模块和利用时间，如表 6-3 所示。

表 6-3　生产模块使用时间和指标

| 顺序 | PA1 | PA2 | PA3 | PA4 | PT | TPT | ICP | 上料时间 | 出料时间 |
|---|---|---|---|---|---|---|---|---|---|
| PO1 | 1 h | 2 h | 2 h | — | 5 h | 5 h | 1 | 0 | 5 |
| PO2 | 2 h | — | 2 h | — | 4 h | 6 h | 0.67 | 1 | 7 |
| PO3 | 1 h | 2 h | — | 1 h | 4 h | 4 h | 1 | 3 | 7 |
| PO4 | 1 h | — | 1 h | 1 h | 4 h | 2 h | 0.5 | 4 | 8 |

注：PT(Process time)：处理时间；
　　TPT(Throughput time)：周期时间；
　　ICP(In-cyclical parallelism)：周期时间利用率。

表 6-3 中，为了表示时间负荷，可以使用甘特图(见图 6-5)。装配订单的上料时间、

装配订单的出料时间、装配订单的产出时间（TPT）或周期时间（产出时间是从产品进入生产工厂到离开生产工厂的时间）、生产模块（PA）的工作时间、生产模块在产出时间或工作时间内的能力利用率、所需存储区的数量、运输数量的确定等参数都可以从甘特图中导出。

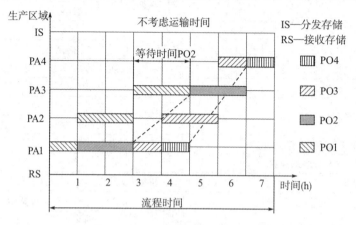

图 6-5　显示订单生产量的甘特图

能力需求波动的设备和人员可按在需求高峰期可用能力的规划、"平均"能力规划、与需求相匹配的能力规划三种方式组织，如图 6-6 所示。第一种和第二种方式可以使用静态方法来实现；第三种方法需要动态计算方法。在装配系统规划领域，用仿真模拟的方法来研究动态变化的相互依赖性。

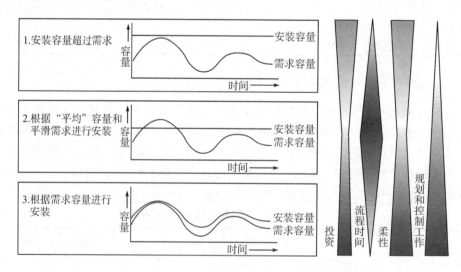

图 6-6　资源能力相关组织方法（来源：Kobylka，2000）

## 6.2　面积计算

前面计算了所需的设备数量和工人数量，那么需要多大的空间面积，来容纳这些设备和工人，开展装配生产呢？下面来分析装配区域面积的计算方法。装配区域包含所有工作场所、用品和工件以及用于生产和组装的固定装置、工具和测试设备所需空间。此外，还必须考虑到装配区域内地面运输、停车场和临时存储区域的物流区域。面积是指有效生产的面积，包括主要区域面积和次要区域面积。主要区域的面积可以分为生产面积、运输面积、临时存储面积，次要区域面积包括监控和管理、质量控制、动力和配送单元、工具、卫生和社会区域、未被利用的区域等。

## 6.2.1　整体面积概算

整体面积概算是大致地确定装配系统需要多少的面积，基本的方法是关键指标法。关键指标法是指用基础变量与面积系数的乘积来计算面积。重要的面积系数包括：面积/员工（$m^2$/人）、面积/设备（$m^2$/台）、面积/周转（$m^2$/元）等。面积系数与时间和空间紧密相关，是一个基于此时此地此景的量，时间地点改变时需要综合考虑生产力、自动化程度等因素进行修正。有三种常用的确定整体面积的方法，即通用楼层空间指标（见表 6-4）、特定楼层空间指标（见表 6-5）和从上而下/自下而上的计算方法（见图 6-7）。自上而下计算是通过乘以负因子将较高阶的面积类别转换为较低阶的面积类别（见图 6-7(a)）。自下而上计算是高阶面积类别是通过乘以正因子(加上计算)从低阶面积类别计算出来的（见图 6-7(b)）。

表 6-4　生产楼层空间指标(来源：Kettner，1984)

| 区　　域 | 指　　标 |
| --- | --- |
| **生产** | |
| 生产面积/员工 | $35\ m^2$/人 |
| 机器工作站<br>—转塔车床<br>—中心车床，轻<br>—中心车床，中型<br>—中心车床，重 | $6\ m^2$/台<br>$6\ m^2$/台<br>$12\ m^2$/台<br>$15\ m^2$/台 |
| 运输面积 | 占机器工作站面积的 30% |
| **存储** | |
| 货物验收/运输区域 | 占有效面积的 3% |
| 存储面积 | 占有效面积的 22% |
| **辅助区域** | |
| 辅助系统的面积 | 占存储面积的 6%～15% |
| 测试面积 | 占有效面积的 3% |
| 测试面积/员工 | 5～8 $m^2$/人 |
| 供热，通风，空调系统的面积 | 占存储面积的 6%～7% |
| 面积/工作站 | 1.3～1.5 $m^2$/人 |
| 用于培训讲习/学徒的面积 | 15 $m^2$/人 |

**表 6-5　特定楼层空间指标(摘自: IREGIA, 2004)**

| 板　块 | 指标范围/(m²/人) | 平均值 |
|---|---|---|
| 大型机械装配 | 40～80 | 60 |
| 通用机械装配 | 20～50 | 30 |
| 电子产品装配 | 20～40 | 30 |

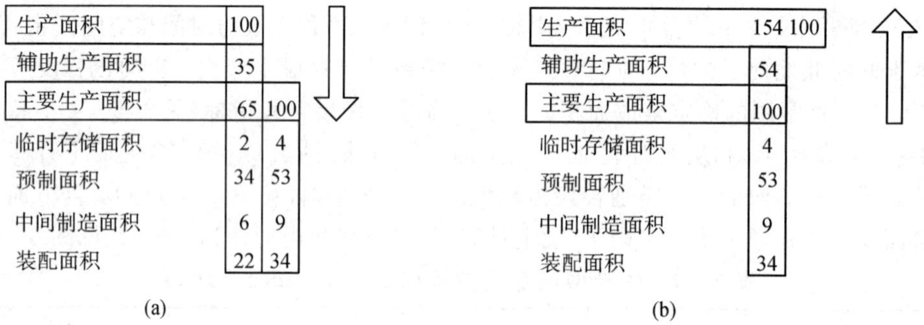

| 生产面积 | 100 | | |
|---|---|---|---|
| 辅助生产面积 | 35 | | |
| 主要生产面积 | 65 | 100 | |
| 临时存储面积 | 2 | 4 | |
| 预制面积 | 34 | 53 | |
| 中间制造面积 | 6 | 9 | |
| 装配面积 | 22 | 34 | |

(a)

| 生产面积 | 154 100 | |
|---|---|---|
| 辅助生产面积 | | 54 |
| 主要生产面积 | | 100 |
| 临时存储面积 | | 4 |
| 预制面积 | | 53 |
| 中间制造面积 | | 9 |
| 装配面积 | | 34 |

(b)

图 6-7　自上向下和自下而上计算的面积参考值(精密工程/光学实例)

## 6.2.2　装配生产区域面积计算

装配生产区域由一个或多个装配工作站组成,其面积($A_{P,As}$)既包括装配工作站的面积之和,还包括运输、存储和辅助等几个部分的面积,可由以下公式计算:

$$A_{P,As} = A_N + A_T + A_I + A_A \tag{6-26}$$

式中:$A_N$ 为净面积(等于所有组装工作站的总和);$A_T$ 为运输面积(约为 $0.15A_N$);$A_I$ 为临时存储面积(约为 $0.1A_N$);$A_A$ 为辅助面积(控制、工具的分配)。

由式(6-26)可知,$A_N$ 是计算装配生产区域面积的关键。$A_N$ 等于各个装配工作站面积总和。对装配工作站尺寸大小影响特别大的因素包括:装配工作站类型(手动工作站/机器工作站)、装配工件大小和频率、装配过程的复杂程度。由于装配工作站具有多样性,在计算占地面积时,可以区分六种不同类型的装配工作站 $A_{AA(1)\sim(6)}$,如图 6-8 所示。

类型 1:在地面装配作业(装配件的地面面积),$A_{AA(1)}$;

类型 2:在装配工作台上作业(等于装配工作台的面积),$A_{AA(2)}$;

类型 3:在测试区域工作(装配单元和/或测试设施的面积),$A_{AA(3)}$;

类型 4:在输送设备上工作(输送设备面积),$A_{AA(4)}$;

类型 5:在工作台上工作(工作台面积),$A_{AA(5)}$;

类型 6:机器工作站(机器面积),$A_{AA(6)}$。

单独的组装区域类型根据表 6-6 中详述的特征进行区分。可以对图 6-8 描述的装配工作站类型进一步细分,并据此确定占地面积的要求。

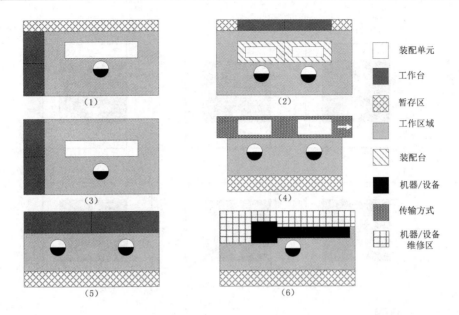

图 6 - 8　装配工作站的类型（$A_{AA(1)\sim(6)}$）（来自：Rockstroh, 1982）

**表 6 - 6　装配区域类型的分类特征**

| 类型 | 装配单元的位置 | 是否有工作台 | 组织形式 |
|------|----------------|--------------|----------|
| (1) | 直接在地上、装配坑上、装配台上或传送装置上，可以从各个方面接近到装配单元 | 有，适合装配和连接 | 可选的 |
| (2) | 在装配工作台上 | 没有，适合装配和连接 | 可选的 |
| (3) | 直接在地板上、在测试台上或在磨合台上 | 没有，只用于测试设备的存储 | 装配件和工人都固定，或装配件流动而工人固定 |
| (4) | 在具有单面和双面入口的输送设备上 | 没有 | 装配单元移动和工作人员固定 |
| (5) | 在工作台上 | 有 | 组装单元和工人静止 |
| (6) | — | 没有 | — |

**1. 装配工作站类型 1——在地面上装配**

装配区域类型 1 的地面空间由装配产品的地面空间、工作台的地面空间、中转空间和其它区域空间组成。因此使用以下公式确定所需的占地面积：

$$A_{AA(1)} = A_{AU} + A_{WB} + A_{SA} + A_R \tag{6-27}$$

式中：$A_{AA(1)}$ 为装配工作站类型 1 的占地面积；$A_{AU}$ 为装配件的占地面积；$A_{WB}$ 为工作台的占地面积；$A_{SA}$ 为中转区域面积；$A_R$ 为其它区域面积。

$A_{AU}$ 取决于其工作面设计。除主要工作面外，最多可以有三个辅助操作面，$A_{AU}$ 应根据工人的数量和辅助面的布置情况，增加相应的长度和宽度。因此，装配工作站类型 1 又可以进一步地细分为六个类型，如图 6-9 所示。

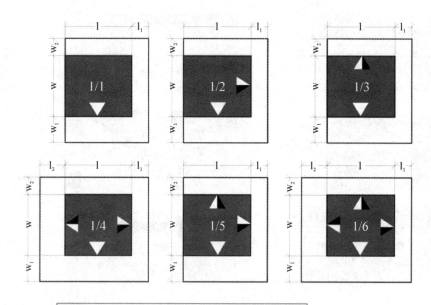

图 6-9　装配区域 1 的子类型（来源：Schenk，et. al，2010）

在计算 $A_{AU}$ 时，考虑多个装配件同时进行装配和多个工人同时工作的情形，需引入一个附加因子 $f_1$。$f_1$ 的值随工人的数量增加而增加，随装配件的数量增加而减小，范围在 $0.5\sim1.0$ 之间。$A_{AU}$ 的计算公式如下：

$$A_{AU} = (l_{AU} + l_1 + l_2) \times (w_{AU} + w_1 + w_2) \times f_1 \times N_{AU} \tag{6-28}$$

式中：$l_{AU}$ 为装配件的长度；$w_{AU}$ 为装配件的宽度；$l_1$、$l_2$、$w_1$、$w_2$ 由工作站类型和工作高度共同确定；$N_{AU}$ 为装配件的数量。

如果装配件需要在装配台上组装，且其长度和宽度超过装配单元的尺寸，那么对于 $l_{AU}$ 和 $w_{AU}$ 应使用装配台的长度和宽度。长度和宽度的附加值可以从表 6-7 中获得。

表 6-7　额外的装配区域（来自：Schenk，2010）

| 类型 | 辅助操作面 | | 工作高度/m | 装配区域附加 | | | |
| --- | --- | --- | --- | --- | --- | --- | --- |
| | 对面 | 邻面 | | $l_1$ | $l_2$ | $w_1$ | $w_2$ |
| 1/1 | | | 小于等于 1.3 | 0.6 | | 1.2 | 0.6 |
| | | | 大于 1.3 且小于 3 | 0.6 | | 1.6 | 0.6 |
| 1/2 | | 1 | 小于等于 1.3 | 0.85 | | 1.2 | 0.6 |
| | | | 大于 1.3 且小于 3 | 1.6 | | 1.6 | 0.6 |
| 1/3 | 1 | | 小于等于 1.3 | 0.6 | | 1.2 | 0.85 |
| | | | 大于 1.3 且小于 3 | 0.6 | | 1.6 | 1.6 |

| 类型 | 辅助操作面 | | 工作台高度/m | 装配区域附加 | | | |
|------|------|------|------|------|------|------|------|
| | 对面 | 邻面 | | $l_1$ | $l_2$ | $w_1$ | $w_2$ |
| 1/4 | | 2 | 小于等于 1.3 | 0.85 | 0.85 | 1.2 | 0.6 |
| | | | 大于 1.3 且小于 3 | 1.6 | 1.6 | 1.6 | 0.6 |
| 1/5 | 1 | 1 | 小于等于 1.3 | 0.85 | | 1.2 | 0.85 |
| | | | 大于 1.3 且小于 3 | 1.6 | | 1.6 | 1.6 |
| 1/6 | 1 | 2 | 小于等于 1.3 | 0.85 | 0.85 | 1.2 | 0.85 |
| | | | 大于 1.3 且小于 3 | 1.6 | 1.6 | 1.6 | 1.6 |

工作台的地面空间 $A_{WB}$ 根据装配件的数量和每个装配件的工人数量来计算的：

$$A_{WB} = 1.2 \times N_{AU} \times N_{wAU} \tag{6-29}$$

式中：$N_{AU}$ 为装配件的数量；$N_{wAU}$ 为每个装配件的工人数量。

中转区域面积 $A_{SA}$ 由下式决定：

$$A_{SA} = (A_{LP} + A_{MSP}) \times N_{AU} \tag{6-30}$$

式中：$A_{LP}$ 为大零件的面积；$A_{MSP}$ 为中小零件的面积。

$A_R$ 的面积可由下式进行概算：

$$A_R = \left( w_{AU} + 1.4 + \frac{1}{N_R} \right) \times 0.6 \times N_{AU} \tag{6-31}$$

**2. 装配工作站类型 2——在装配工作台上装配**

装配工作站类型 2 类似于类型 1，不同的是，类型 2 的装配工作在装配台上完成。该装配工作站类型的子区域包括装配台面积、工作台面积、中转面积和其它面积。

计算占地面积的公式如下：

$$A_{AA(2)} = A_{AB} + A_{WB} + A_{SA} + A_R \tag{6-32}$$

式中：$A_{AA(2)}$ 为装配工作站类型 2 的占地面积。

$A_{AB}$ 为装配台的面积，计算如下：

$$A_{AB} = a_{AB} \times \frac{N_{AU}}{N_{AUAB}} \tag{6-33}$$

式中：$a_{AB}$ 为单个装配台的面积；$N_{AUAB}$ 为每个装配台上的装配工件数。

工作台的占地空间 $A_{WB}$ 的计算方式和装配区域类型 1 的计算方式相同。

$$A_{WB} = 1.2 \times N_{AU} \times N_{wAU} \tag{6-34}$$

中转区域面积 $A_{SA}$ 由下式决定：

$$A_{SA} = A_{MSP} \times \frac{N_{AU}}{N_{AUAB}} \tag{6-35}$$

中小零件区域的面积 $A_{MSP}$ 取决于装配工作台的长度，将工作台的长度乘以 1 m 再加上 0.5 m²。$A_R$ 在 1 m² 和 4 m² 之间，由布局方式决定，如一排、两排或者三排。

**3. 装配工作站类型 3——在测试区域工作**

装配面积类型 3 的占地面积是所有测试面积区域之和：

$$A_{AA(3)} = \sum A_{TA} \tag{6-36}$$

式中：$A_{\mathrm{AA(3)}}$ 为装配工作站类型 3 的占地面积；$A_{\mathrm{TA}}$ 为测试区域的占地面积。

在确定测试区域的面积时，装配工作站类型 3 可以细分为两种类型。

如果装配件是在地面上进行测试或磨合，使用的计算如下：

$$A_{\mathrm{TA}} = (l_{\mathrm{AU}} + 1.7) \times (w_{\mathrm{AU}} + 2.05) \times n_{\mathrm{AU}} \times f_{\mathrm{o}} + 1.2 \times N_{\mathrm{AU}} \qquad (6-37)$$

重叠的因子 $f_{\mathrm{o}}$ 对于一个组装单元为 1，对于多个装配单元为 0.75。

如果装配件安装在测试或磨合台上进行测试或磨合，则使用下面公式来计算测试区域占地面积：

$$A_{\mathrm{TA}} = (l_{\mathrm{t}} + 1.7) \times (w_{\mathrm{t}} + 2.05) \times \frac{N_{\mathrm{AU}}}{N_{\mathrm{AUT}}} \times f_{\mathrm{o}} + 1.2 \times \frac{N_{\mathrm{AU}}}{N_{\mathrm{AUT}}} \qquad (6-38)$$

式中：$l_{\mathrm{t}}$ 为测试或磨合台的长度；$w_{\mathrm{t}}$ 为测试或磨合台的宽度；$n_{\mathrm{AUT}}$ 为每个测试或是磨合台上装配件的数量。

### 4. 装配工作站类型 4——在输送设备上工作

装配区域类型 4 的占地面积的计算公式如下：

$$A_{\mathrm{AA(4)}} = \sum A_{\mathrm{S}} \times N_{\mathrm{SC}} + \sum A_{\mathrm{SA}} \qquad (6-39)$$

式中：$A_{\mathrm{AA(4)}}$ 为装配工作站类型 4 的占地面积；$A_{\mathrm{S}}$ 为一个装配台的占地面积；$N_{\mathrm{SC}}$ 为一个输送设备包含的装配台的数量；$A_{\mathrm{SA}}$ 为中转区域面积。

输送设备上装配台的布局和设置需要结构化的知识来确定，在装配工作站类型 4 中出现五种不同的类型。这些装配工作站类型的示例如图 6-10 所示。

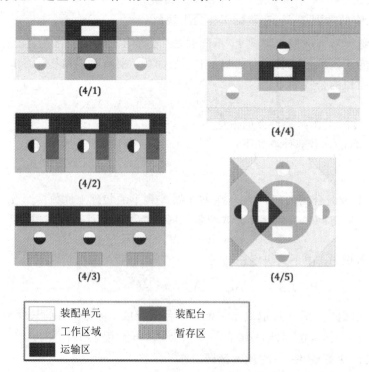

图 6-10　装配工作站类型 4 的子类型（来自：Schenk，2010）

$A_S$ 和 $A_{SA}$ 的值可以由表 6-8 获得，如果类型不能明确定义，则 $A_S$ 按照表 6-8 中的"双面"栏确定。

**表 6-8  $A_S$ 和 $A_{SA}$ 的确定（来自：Schenk，2010）**

| 类型 | 描 述 | 装配产品的尺寸 | | | $A_S^*$ /m² | | | $A_{SA}$ /m² |
|---|---|---|---|---|---|---|---|---|
| | | 投影面积/m² | 长宽比 | 重量/kg | 单面 | 双面 | 可选 | |
| 4/1 | 主要坐工位，工作面为单面或双面 | ≤0.06 | ≤1.5 | ≤8 | 2 | 3 | — | 4 |
| | | ≤0.24 | ≤1.5 | >8 | 3 | 4 | — | 6 |
| 4/2 | 坐/站工位，工位工作面为单面或双面 | ≤0.2 | ≤1.25 | ≤5 | 2.5 | 4 | — | 4 |
| | | ≤0.24 | ≤1.5 | >5 | 3.5 | 6 | — | 6 |
| 4/3 | 站工位，工作面为单面或双面 | ≤0.24 | ≤1.25 | ≤60 | 4.5 | 6 | — | 6 |
| | | ≤1.1 | ≤3 | >60 ≤150 | 7.5 | 9.5 | — | 12 |
| 4/4 | 站工位，工作面为单面或双面交替 | ≤0.4 | ≤1 | ≤80 | — | — | 8.5 | 8 |
| | | ≤0.8 | ≤1.6 | >80 ≤100 | — | — | 10.5 | 10 |
| 4/5 | 坐/站工位，工位数量最多四个 | ≤0.16 | ≤2 | ≤40 | 5 | — | — | 4 |

注："*"取决于输送设备上装配台布局的类型。

### 5. 装配工作站类型 5——在工作台上工作

装配工作站类型 5 的面积计算如下，并可以细分为如图 6-11 所示的类型。

$$A_{AA(5)} = \sum A_{AA} \times N_{ws} \qquad (6-40)$$

式中：$A_{AA(5)}$ 为装配工作站类型 5 的面积；$A_{AA}$ 为一个占地面积；$N_{ws}$ 为每个班次的工人数量。

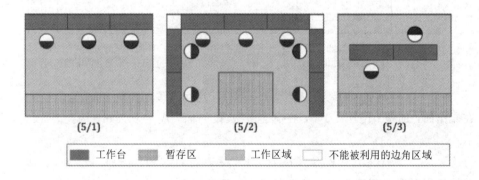

| ■ 工作台 | ■ 暂存区 | ■ 工作区域 | □ 不能被利用的边角区域 |

图 6-11  装配工作站类型 5 的子类型（来自：Schenk，2010）

$A_{AA}$ 由工作台和物料临时存储的面积组成。工作台和物料存储方式的组合决定了它们的占地面积，如表 6-9 所示。

**表 6 - 9　装配工作站类型 5 的工作台占地面积的确定(来自：Schenk，2010)**

| 类型 | 装配件传递类型 | $A_{AA}$工作台类型/m² | | |
|---|---|---|---|---|
| | | Ⅰ | Ⅱ | Ⅲ |
| 5/1 | 在托盘上 | 4.65 | 6.6 | 7.75 |
| | 在机架上 | 4.4 | 5.98 | 7.05 |
| 5/2 | 在托盘上或单独运输 | — | 5.8 | 8 |
| 5/3 | 在托盘上或单独运输 | 9 | 11.1 | 13 |
| | 在机架上 | 8.6 | 10.7 | 12.6 |

在表 6 - 9 中，工作台类型Ⅰ的长度为 1.25~1.5 m，宽度为 0.7 m 或 0.8 m；工作台类型Ⅱ的长度为 2.0 m，宽度为 0.7 m 或 0.8 m；工作台类型Ⅲ的长度为 2.4 m 或 2.5 m，宽度为 0.8 m 或 0.7 m。如果工作台类型无法明确确定，则应选择类型Ⅱ。

**6. 装配工作站类型 6——在装配机上工作**

可用面积替代法。替代面积法的基础是物体投影面积的最小边界框以及宽度和深度测量值。通过在该基础上添加矩形替代区域(Wirth，2000)，如图 6 - 12 所示。

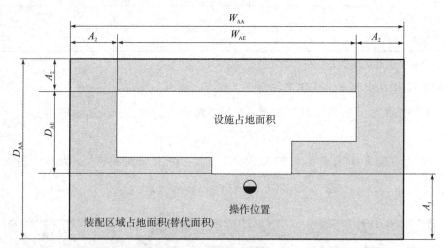

$W_{AE}$—装配设施的宽度；$D_{AE}$—装配设施的深度；$W_{AA}$—装配区域的宽度；
$D_{AA}$—装配设施的深度；$A_1$—为操作和安全留下的加量；$A_2$—为服务留下的加量

图 6 - 12　替代面积法(改自：Kettner 等，1984)

在操作面，加量 $A_1 = 1.0$ m，在其他维修服务面，$A_2 = 0.4$ m。因此，$A_{AA(6)}$ 可以计算如下：

$$A_{AA(6)} = W_{AA} \times D_{AA} = (W_{AE} + 0.8) \times (D_{AE} + 1.4) \qquad (6 - 41)$$

总的装配区域面积还需加上物料存储的面积 $A_{SA}$。

$$A_{SA} = A_{TU} \times N_{TU} \qquad (6 - 42)$$

$$A_{WA} = A_{AA} + A_{SA} \qquad (6 - 43)$$

式中：$A_{TU}$为运输物料单元的面积；$N_{TU}$为运输单元的数量；$A_{WA}$为装配区域的面积。

例如，一个有 4 个运输箱的装配工作台($A_{\text{WS}}$)，其面积可由以下公式计算：

$$A_{\text{WA}} = (l_{\text{Ob}} + 2 \times A_s) \times (w_{\text{Ob}} + A_o + A_s) + 4\, l_{\text{TUT}} \times w_{\text{TUT}} \qquad (6-44)$$

式中：$A_{\text{AA}}$ 为替代装配区域；$l_{\text{Ob}}$ 为物体的长度（机器的长度）；$w_{\text{Ob}}$ 为物体的宽度（机器的宽度）；$A_o$ 为增加操作宽度；$A_s$ 为增加服务宽度；$l_{\text{TUT}}$ 为运输工具的长度；$w_{\text{TUT}}$ 为运输工具的宽度。

**7. 预先确定装配系统占地面积步骤**

第一步，组装区域类型和模型的确定；

第二步，根据功能面积计算装配区域的占地面积函数计算装配面积占地面积 $A_{\text{AA}}$；

第三步，考虑重叠，确定间接区域（$A_{\text{T}}$、$A_{\text{I}}$、$A_{\text{A}}$）；

第四步，确定装配生产区域面积 $A_{\text{P,As}}$。

装配生产区域面积的计算，既可以从整体概算到详细规划，也可以通过详细计算各装配工作站面积来反向计算整体面积。装配工作站的几何形状、负载、干扰、供应和参数的处理都受到地面空间和房间（建筑物）的影响。除装配生产区域外，还应考虑物流（THS）、行政管理、次要区域和辅助区域的占地面积。必须通过保留区域（10%～20%）、无基础的柔性设备安装、地面空间重叠、地面空间整合（例如零件制造和装配以及运输和存储）来考虑柔韧性、适应性和可扩展性。地面空间扩展选项必须至少保留在两个方向上。

# 6.3　成　本　估　算

成本是成功之本，同时也是失败之本。生产的目的是为顾客提供需要，为社会积累财富，为员工增加收益，为企业创造利润。怎样创造利润？途径有四：扩大生产规模、提高产品价格、降低员工工资和降低生产成本。扩大生产规模，则高投资带来高风险；提高产品价格，则降低产品竞争力；降低员工工资，则造成员工队伍不稳；而降低生产成本，则无需投入却回报丰厚。

成本是指为达到特定目的而发生或未发生的价值牺牲，它可以用货币单位进行衡量。表 6-10 对成本进行了分类。

表 6-10　成本分类因素

| 成　本　分　类 | 解　　释 |
| --- | --- |
| 能力利用率改变的行为成本 | 固定和可变成本 |
| 成本对象的分摊成本 | 直接成本和间接费用 |
| 发生的频率 | 一次性和经常性费用 |
| 成本的构成 | 简单和综合成本 |
| 方案的一致性水平 | 实际的，正常的和计划成本 |
| 发生的地点（职能） | 采购，生产，销售成本等 |
| 成本类型（原因类型） | 物料，人力资源和资金成本等 |

直接成本是由单个成本对象引起的所有成本，且可直接归因于这个对象，如物料成本、

生产工人工资等；间接费用是几种产品共同产生的费用，它们只能使用分配公式归因于特定产品，如职员工资、管理成本等。

固定成本是指与生产经营活动时间相关的成本开销，而可变成本是指与生产经营产品数量相关的成本开销。固定成本在某种程度上与特定时间段的运营速度无关，作为维持运营的成本，它们与时间相关（例如建筑成本、折旧等）。可变成本随输出而变化。因此，产出和成本之间可能具有线性关系（递增或递减）（例如计件工资率、能源消耗、生产材料）。每个产品单元的平均成本是由会计期间的总成本和在此期间产生的产品单位（数量）的商。

$$平均成本 = \frac{会计期间的总成本}{产品数量}（元 / 单元）$$

从长远来看，为了保障公司的正常运营和生存，产品价格至少不能低于其平均成本。

从企业成本会计的视角，可依其来源将成本分摊到以下不同的成本类型组。

（1）物料成本。物料成本是生产商品和服务的过程中由于采购、库存和消耗物料而产生的成本，可将其进一步细分为生产物料成本（原材料）、辅助物料成本（例如涂层材料/清洁材料）、运营物料成本（如电力/燃气/润滑油/石油）。

（2）劳动力成本。劳动力成本既是直接支付给员工的工资总额，也是雇主承担的社会成本，可细分为直接人力成本（所做的工作是直接的归因于产品，例如钻机上的工人）、开销工资（有助于促进生产过程，例如仓库工人、内部运输工人、清洁人员的工资）、工资（由生产过程中的行政和管理产生，例如库存控制，会计，生产经理）和额外津贴（这些津贴是为特定成就而颁发的，例如长期服务奖励）。

（3）资产成本。资产成本是由于使用资产（投资资产，如厂房、设备、专利和银行贷款）造成的成本，可以细分为折旧（考虑到资产价值因磨损和使用时间增加而下降）、利率（基于总资本的估算）、风险（考虑到生产、存储、运输、交易和财务风险使用风险溢价，往往是经验值）。

（4）外部服务费用。外部服务费用是通过使用第三方提供的服务（例如房租、租赁、运输、执照、协会费、修理等）而发生的费用。

（5）社会成本。社会成本即依存于实际生产的货物的税收、收费和缴款，如公司资产的物业税、营运资本税、土地税、物业转让税及车辆税等。

产品的价格是根据成本来建立的，可参考图 6-13。

直接成本＝直接材料费＋直接劳务费＋直接经费

生产成本＝直接成本＋间接材料费＋间接劳务费＋间接经费

总成本＝生产成本＋管理费＋销售费＋财务费

售价＝总成本＋利润

在规划过程中，以下方面可以影响成本。

（1）在功能与过程定义中，选择适合计时工资的设备。

（2）在定量计算中，优化生产区域数量（$N_{PA}$）、工人数量（$N_{wF}$）、班次数量（$N_S$）；最小化占地面积；改变设备使用时间（$T_{uE}$）；争取重叠领域（$\eta_{Oi}$，$\eta_{Oe}$）；争取多机操作（MMO）。

（3）在结构规划方面，努力优化设备和仓储布局，最大限度地降低运输成本。

（4）在布局规划方面，争取理想和真实布局之间的最大对应关系。

（5）成本可以作为装配系统规划的一个主要目标，各种影响成本的因素都应该考虑。

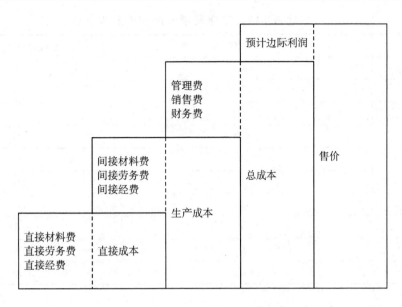

图 6-13  产品成本与价格

# 6.4  小   结

规模规划获得是装配系统的规划能力和装配系统的资源清单数量，主要包括所需的各种技能工人和设备数量、面积大小和费用的高低，为投资决策、商务谈判提供了基本资料。本章阐述了基本的计算方法和规范要求。

# 习   题

1. 简述规模规划的内容和作用。
2. 简述设备和劳动力规划的基本过程和步骤。
3. 简单描述装配工作站的基本类型。
4. 简述成本的类型和成本的计算方法。
5. 分析通过规划活动减少成本的途径。
6. 设某工厂的一个生产工序生产某一零件，单件生产时间 15 分钟，生产批量为 2000 件，该工序同时有 3 个工作地进行生产，每天采用两班工作制，每班工作 8 小时，零件加工的定额完成率为 95%，生产准备与结束时间为 30 分钟。请计算完成该生产任务需多长时间？
7. 某公司生产笔记本电脑。工序及预设时间信息如表 6-11 所示。根据市场需求，公司需以 240 件/天的速度生产。工人每天可工作时间为 498 分钟/人，准备时间为 36 分钟。请计算所需的工人数。

表 6 - 11　工序及预设时间信息表

| 序号 | 工　序 | 预设时间/分钟 |
|---|---|---|
| 1 | A | 2.5 |
| 2 | B | 2.0 |
| 3 | C | 1.5 |
| 4 | D | 4.5 |
| 5 | E | 2.5 |
| 6 | F | 1.0 |
| 7 | G | 4.0 |
| 8 | H | 1.0 |
| 9 | I | 3.0 |
| 10 | J | 3.75 |

8. 已知：三个组件装配的计算所需设备下表所示，请给出一个调整方案，追求最佳的机器利用率和最少的机器数量。计算结果直接填在表 6 - 12 中。

表 6 - 12　调整设备使用时间以提高能力

| PAT | $N_{Fj}^*$ | | | $N_{Fj}$ | | |
|---|---|---|---|---|---|---|
| 组件 1 | 2.2 | | | | | |
| 组件 2 | 1.3 | | | | | |
| 组件 3 | 3.3 | | | | | |
| $\sum$ | 6.8 | | | | | |

# 第 7 章　结 构 规 划

规模规划已经解决了需要多少设备、人工、面积和成本等问题，结构规划将要解决工作任务的分配问题、工位的布置和工位之间的连接问题、物料准备和控制问题。

## 7.1　装配工作任务的分配

装配工作任务的分配是指在装配系统中，机器与人、人与人之间的工作任务分配。从机器与人之间的工作任务分配方面来说，有五种基本情况，如图 7-1 所示。

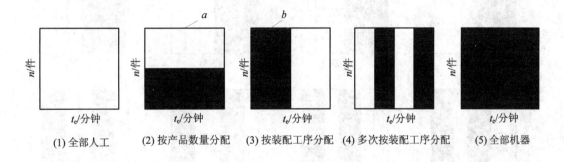

$n$—单位时间产量；$t_e$—装配一个产品单元所需的时间；$a$—人工完成部分；$b$—机器完成部分

图 7-1　人机装配工作任务分工（改自：刘德忠等，2007）

在图 7-1 中，整个区域表示了装配系统所需的能力大小，等于单件产品装配工时和所需装配数之积，即 $n \times t_e$。人工完成部分面积表示了人工能力需求大小，机器完成部分面积表示了机器能力需求大小。理论上来说，一件产品的装配工时可以分解成一个个工序工时之和，可以根据装配工序的工时把需求能力区域的横坐标进行分段。同时，纵坐标可以根据产品的数量进行分割，分割的最小单位是 1 件产品。因此，可以将需求能力区域分割成面积不等的矩形区域，可用 $a_{ij}$ 表示，其含义为第 $i$ 件产品第 $j$ 道工序所需的时间。同理也可以对人工完成部分的区域进行分割。

对于一个企业来说，每个工人能够提供的能力（工作时间）是一个常数。如果用 $x$ 坐标表示工人承担的单件产品装配工时数，$y$ 轴表示产品数量，则 $xy = T$（$T$ 为一个工人能够提供的能力），工人提供的能力表现为一条双曲线。双曲线上任取一个点，则工人提供的能力变现为一个个的等面积的矩形。人与人之间的工作任务分工表现为满足装配工序逻辑关系的前提下，找到每个工人对应的 $x$ 和 $y$ 的值，使得由 $x$ 和 $y$ 围成的区域尽可能容下更多的 $a_{ij}$。图 7-2 给出了三个工人情况下，图 7-1 中前四种人工区域的可能分工情况。

以上给出人与机器、人与人之间的分工情况，其实最基本的分工方式是两种，即按产

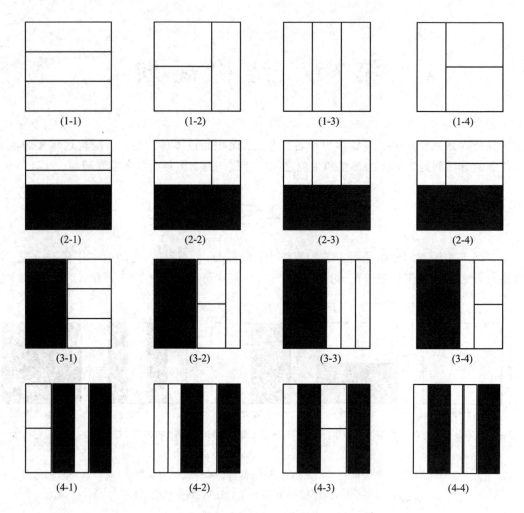

图 7 - 2　三个工人的分配情况（改自：刘德忠等，2007）

品数量分和按装配工序分，其它都是这两种方式的组合。在按装配工序分配方式中，每个工人负责的装配工序数较少，上手速度快，能够获得多次反复的学习和练习，效率高；装配件依次经过每个工人，物流的可视化强，管理比较方便。但是按装配工序分配也有明显的特点，如当出现生产资源不足或者人员工作能力不强时产生的影响将会传递到每个工位、当产品种类发生改变时灵活性低等。在按产品数量分配方式中，每个工人负责的装配工序数较多，为工人发挥个人效率提供了可能性，工人有更多的行为空间、更大的自主安排余地，故障影响较小，一个工人出现问题时不会影响到其他工人，在产品种类和产量方面存在很好的适应性和灵活性，但也容易出现产量不稳定、不能及时发现装配中的问题等不足。

　　任务分配的方案有许多种，图 7 - 2 中给出了三个工人的 4 种分工方案。如果是四个工人，则有 14 种之多。同学们可以思考，如果是 5 工位，会有多少种情况呢？

　　**例 7 - 1**　设有如图 7 - 3 所示装配工艺流程图，工人每天能够提供的有效工作时间为 460 分钟，每天市场需求为 46 件，试计算所需工人数量，并进行能力域的分配。

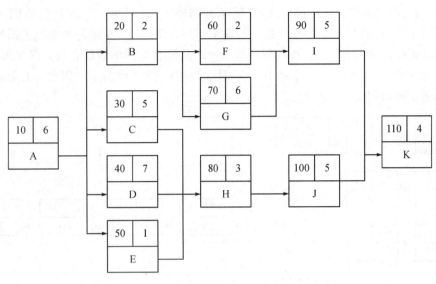

图 7-3　装配流程图

**解**　单件产品装配工时为

$$T = \sum_{i}^{n} t_i = 6+2+5+7+1+2+6+3+5+5+4 = 46(分钟/件)$$

总计能力需求为

$$C = KT = 46 \times 46$$

工人数量计算值为

$$\frac{C}{460} = 4.6(人)$$

所需工人数量为 5 人。

能力分配情况如图 7-4 所示。在图 7-4 中，第一、三、四工位恰好满足生产需求，第二工位工人有能力富余(18.3 件/天)，第五工位工人也有能力富余(6.1 件/天)。此时可以安排有能力富余的工位工人从事一些其他工作，如 5S 中的一些整理和整顿工作。

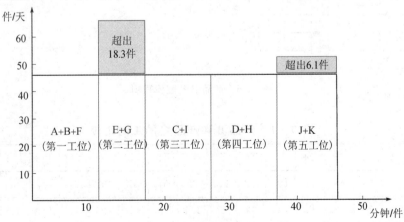

图 7-4　能力域分配图

**例 7 - 2**    有三种产品，产品 A 的装配工艺如图 7-5 所示，产品 B 的装配工艺如图 7-6 所示，产品 C 的装配工艺与产品 B 的完全相同，只是因装配零件的数量不同导致所需工时不同（如表 7-1 所示）。准备规划一条三种产品混合生产的装配系统，满足未来 33 个工作日内生产产品 A 2500 件、产品 B 1000 件、产品 C 1500 件的生产需求。工人每天工作一班，每班工作时间为 7.5 小时。

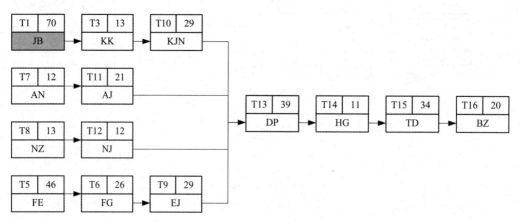

图 7-5    产品 A 装配流程图

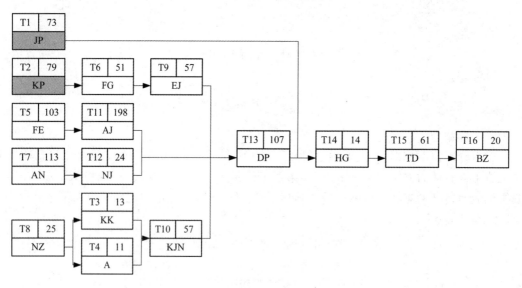

图 7-6    产品 B 装配流程图

**表 7-1    产品 B 和产品 C 的工时比较**

| 产品 | T1 | T2 | T3 | T4 | T5 | T6 | T7 | T8 | T9 | T10 | T11 | T12 | T13 | T14 | T15 | T16 |
|------|----|----|----|----|----|----|----|----|----|-----|-----|-----|-----|-----|-----|-----|
| B | 73 | 79 | 13 | 11 | 103 | 51 | 113 | 25 | 57 | 57 | 198 | 24 | 107 | 14 | 61 | 20 |
| C | 73 | 79 | 13 | 11 | 163 | 92 | 23 | 111 | 103 | 57 | 106 | 42 | 117 | 14 | 61 | 20 |

**解** (1) 应用代表产品法，计算能力需求。代表产品一般选择工时高，产量大的有代表性的产品。可以选择产品 C 为代表产品，经过计算后(见表 7-2)，以代表产品的产能需求为 3305 件，需求能力为如图 7-7 所示的矩形区域：

$$C = 3305 \times 1085 = 3\,585\,925(秒)$$

**表 7-2 代表产品法计算生产能力**

| 产品名称 | 计划产量 | 产品工时定额 | 换算系数 | 换算为代表产品数量 | 换算后产品所占比重 | 换算为具体产品的生产能力(生产能力为 3358 台) |
|---|---|---|---|---|---|---|
| ① | ② | ③ | ④=③/1085 | ⑤=②×④ | ⑥ | ⑦=3358×⑥/④ |
| A | 2500 | 375 | 0.35 | 875 | 26.48% | 2541 |
| B | 1000 | 1006 | 0.93 | 930 | 28.14% | 1016 |
| C(代表产品) | 1500 | 1085 | 1.00 | 1500 | 45.38% | 1524 |
| 合计 | 5000 | | | 3305 | 1.00 | 5081 |

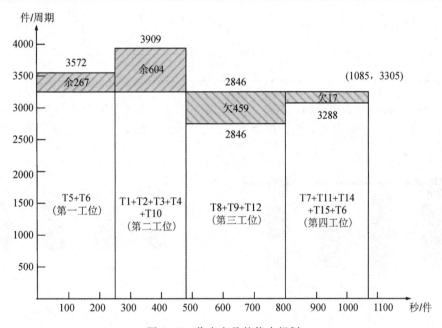

图 7-7 代表产品的能力规划

(2) 一个工人能够提供的能力：

$$33 \times 7.5 \times 60 \times 60 = 891\,000(秒)$$

(3) 计算所需工人数量：

$$N^* = \frac{3\,585\,925}{891\,000} = 4.02$$

确定工人数量：$N = 4$。

工人利用率：

$$\eta = \frac{4.02}{4} \times 100\% = 100.5\%$$

（4）计算 4 个工人所能生产的具体产品数量，结果见表 7-2。

（5）基于代表产品的装配工艺流程图，进行能力分配，其结果如图 7-7 所示。

（6）根据装配功能和零件材料的相似性，具体产品的能力分配如表 7-3 所示。

**表 7-3　具体产品能力分配**

| | | 产品 A | 产品 B | 产品 C |
|---|---|---|---|---|
| 工位 1 | 装配任务 | T5＋T6＋T9 | T5＋T6＋T7 | T5＋T6 |
| | 预设工时 | 101 | 267 | 255 |
| 工位 2 | 装配任务 | T1＋T3 | T1＋T2＋T3＋T4＋T10 | T1＋T2＋T3＋T4＋T10 |
| | 预设工时 | 83 | 233 | 233 |
| 工位 3 | 装配任务 | T10＋T7＋T11＋T8＋T12 | T9＋T11 | T8＋T9＋T12 |
| | 预设工时 | 87 | 255 | 320 |
| 工位 4 | 装配任务 | T13＋T14＋T15＋T16 | T8＋T12＋T13＋T14＋T15＋T16 | T7＋T11＋T15＋T14＋T15＋T16 |
| | 预设工时 | 104 | 251 | 277 |

（7）具体产品的同期化分析，如图 7-8～图 7-10 所示。当生产产品 A 时，瓶颈将会出现在工位 4；生产产品 B 时，瓶颈出现在工位 1；生产产品 C 时，瓶颈出现在工位 3。

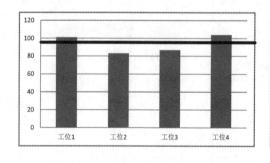

图 7-8　产品 A 同期化分析

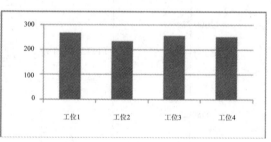

图 7-9　产品 B 同期化分析

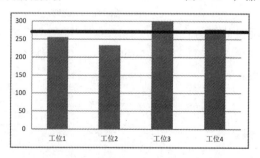

图 7-10　产品 C 同期化分析

（8）确定各工位的物料分配情况。根据各产品的物料表和能力域的分配情况，可以确定各个工位的物料分配。

由于 A、B 和 C 工时不同，如果组织混流生产，将会出现比较大的平衡问题。仔细观察，可以发现如果产品 A 能够通过工装夹具的设计，组成三件套，则有可能实现 3A1B1C 的混流，平衡效率能维持在可以接受的水平。

## 7.2 工 位 连 接

工位的布局和连接用于描述工位之间的相互位置和关系。能力的分配方式多种多样，与每一种能力分配方式对应的布局方式也有多种选择。表 2-5 给出了一些典型的布局形式。下面来分析工位之间的连接。工位之间的连接可以采用刚性固定连接和非固定连接两种，其中非固定连接又可采用共享主流和缓冲的方式。

### 1. 刚性固定连接

刚性固定连接是指工位之间通过某种传送装置固定连接在一起，装配任务以某种节拍依次通过各个工位。这种连接的优点是物流一目了然，在制品库存低，产品生产周期短，不需要工件搬运设备。不足之处是使用此种连接的装配系的抗干扰能力弱，某个工位停止会导致整个系统停止；工位协调性较低，尤其是自动化工位和手工工位之间的协调困难；在品类、产量、工艺流程等方面缺乏柔性，不容易扩展。

### 2. 共享主流

通常由皮革传送带构成装配工件的主流，在主流的旁边形成许多支流工位，形成比较孤立的空间，使得支流的生产组织具有某种程度的自主性，可以尽可能降低协调性损失，在工位布局、产品种类和产量、可扩展性方面具有灵活性。但是需要比较大的投资，物流不清晰，存在较多的在制品等缺点。

### 3. 缓冲

缓冲是装配系统中局部区域之间的技术设备，它可用于按照抛料的节奏将一个局部生产区域的物料进行存储，然后按照后一个局部区域的加工节奏再给出物料。缓冲的模型其实是一个水池模型，是一个输入输出模型。缓冲能缓减装配工位或区域之间物料的不平衡，这些不平衡通常是由预设时间差异、数量改变、换机时间等引起的。缓冲可以分为线式缓冲、平面式缓冲、架式缓冲和循环式缓冲四种类型。线式缓冲是一种单列排队模式，平面式缓冲是一种水平的多列排队模式，架式缓冲是一种垂直的多列排队模式，循环式缓冲一般采用圆环旋转模式。不同缓冲类型的技术特点如表 7-4 所示。

表 7-4 缓冲的技术特点

| 缓冲类型 | 存取工作 | 工件缓冲 | 存储密度 | 产品灵活性 | 投资消耗 |
|---|---|---|---|---|---|
| 线式缓冲 | 连续 | 接触式 | 高 | 小 | 小 |
| 平面式缓冲 | 自由选择 | 接触式/非接触式 | 中 | 小/中 | 中 |
| 架式缓冲 | 自由选择 | 非接触式 | 低 | 大 | 高 |
| 循环式缓冲 | 自由选择 | 非接触式 | 低 | 大 | 高 |

　　缓冲连接实质是一种通过库存实现的物流连接，具有使人员不依赖于相邻工位的工作结构、平衡各人的效率波动、由于故障影响而降低了静态成本、减少跳岗、能够有时间限制地承受不规律行为、能够短期中断劳动（个人休息间歇的选择）等优点，但是又会增加缓冲库存和缓冲位置要求、增加的局部循环带来较高的资本约束、生产的一目了然性较差、交流受限（缺少视线接触）、在必要的及时再加工方面有技术困难等缺点。

　　常见的针对小型机电产品的装配系统结构形式有八种，如图 7-11 所示，这八种布局的优缺点见表 7-5。

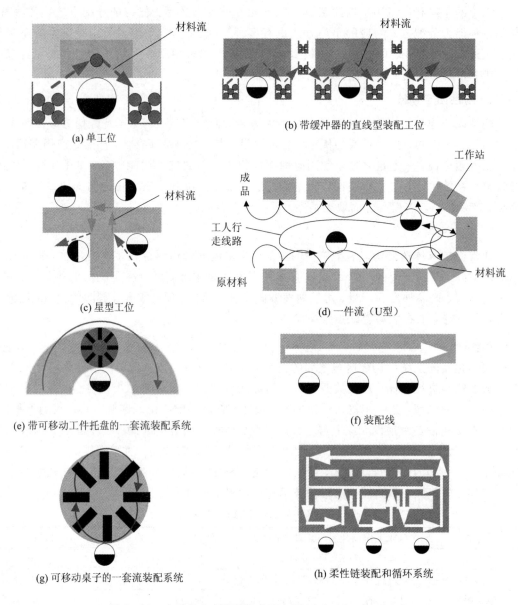

图 7-11　小型机电产品装配典型布局(改自：Spath，2009)

**表 7-5 小型机电产品装配典型布局的特征和优点(改自:Spath,2009)**

| 类 型 | 特征描述 | 优 点 |
|---|---|---|
| (a) 单工位 | ① 一个独立的工作台<br>② 完成产品的全部装配<br>③ 操作员在一个工作台工作<br>④ 坐姿作业方式 | ① 较高的灵活性<br>② 可以生产不同种类的产品<br>③ 没有搬运<br>④ 装配系统的布局灵活 |
| (b) 带缓冲器的直线型装配工位 | ① 布局方便<br>② 装配者在一个工位工作<br>③ 坐工位<br>④ 在工作位之间传送<br>⑤ 有缓冲器 | ① 高柔性<br>② 能生产大量的产品<br>③ 通过缓冲避免相互干扰<br>④ 布局柔性 |
| (c) 星型工位 | ① 星型布局<br>② 装配者在一个工位工作<br>③ 坐/站工位<br>④ 工位之间具有小量缓冲 | ① 能安排多种产品的生产<br>② 具有高柔性 |
| (d) 一件流(U 型) | ① U 型布局<br>② 一件流<br>③ 一个装配人员可以在多个工位工作<br>④ 根据需求安排工作人数 | ① 最少流程时间<br>② 最小的在制品库存<br>③ 高质量<br>④ 高柔性 |
| (e) 带可移动工件托盘的一套流装配系统 | ① 工作安排成半圆形<br>② 操作者一次操作一套产品<br>③ 批量装配 | ① 减少了产品抓取零件和工具的时间<br>② 一次传递一套,减少了单个零件传输时间<br>③ 具有一套流的基本优势 |
| (f) 装配线 | ① 自动物料传输<br>② 工作站之间缓冲小<br>③ 操作者在一个地方工作 | ① 操作者没有传递物料活动<br>② 操作者和机器具有高效率 |
| (g) 可转动桌子的一套流装配系统 | ① 装配者在一个工位工作<br>② 机器和人混合装配<br>③ 批量装配<br>④ 一个托盘上可以有多个产品 | 一套产品装配过程中减少了抓取零件和工具的时间 |
| (h) 柔性链装配和循环系统 | ① 工件通过托盘实现物料自动传输<br>② 装配者在一个地方工作<br>③ 产品在托盘上 | ① 操作者没有物料传递活动<br>② 操作者和机器有高效率<br>③ 多种产品加工效率高 |

**例 7-3** 某生产耐用品的公司,为了应对市场需求的高度波动,采用客户订单驱动的生产方式,需要针对产品系列规划具有一定柔性的装配系统,以降低装配成本。公司某产品系列的装配工作信息如表 7-6 所示。因为是针对一个产品系列,而不是具体产品,表中部分装配工作的时间是一个范围。每年需求量是 196 045 件,每年工作 44 周,每周上班 5

天，每天一个班次，每个班次 8 小时。

表 7-6　装配工序信息

| 序号 | 装配工序 | 装配时间/s | 紧前装配工序 | 平衡和自动化困难 | 可以被自动化 |
|------|----------|-----------|--------------|------------------|--------------|
| 1 | 放置侧面板和底盘 | 28（如果自动化，则 25） | — | √ | |
| 2 | 将侧面板压在底盘上 | 29（如果自动化，则 25） | 1 | √ | |
| 3 | 在侧面板上安装塑料板 | 58 | 2 | | |
| 4 | 安装框架 | 32~46 | 3 | | √ |
| 5 | 放置内板 | 18~24 | 4 | | √ |
| 6 | 铰接零件预装配 | 16~18 | 3 | | √ |
| 7 | 安装铰接零件 | 16~24 | 5, 6 | | √ |
| 8 | 终检，加附件和质保标签 | 22 | 7 | | |

**解**　大致的规划过程如图 7-12 所示。

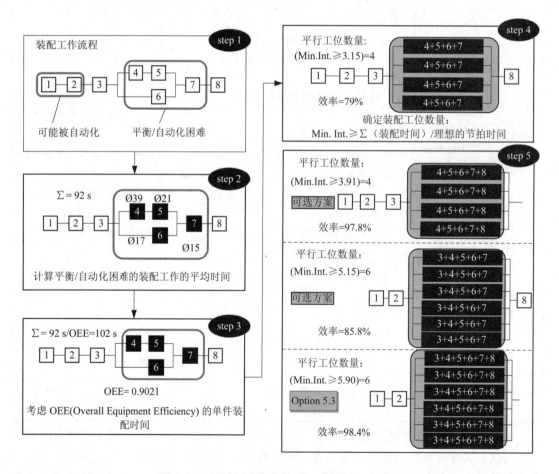

图 7-12　规划步骤（改自：Battini D 等，2009）

　　第一步，根据装配工序前后关系，画出该产品系列的装配工序图，并按照是否容易自动化和是否容易平衡，将装配工序模块化。

　　第二步，装配工序工时计算。对于装配时间在一个范围内的，可以考虑采用加权平均值或者算术平均值。在此情形下，采用按产品数量划分能力域并用平行布局的方式，能获得比较理想的柔性和效率。

　　第三步，考虑全面设备效率，计算单件装配总时间。

　　第四步，计算不容易平衡和不容易自动化模块的工位数量。

　　第五步，方案寻优。如果需要，可以通过逐步扩大手工装配的内容，进一步优化纯手工工位的效率。在这个案例中，可以逐步考虑在纯手工工序中加入工序 3 和 8 进行优化。在图 7-12 中给出了三种更加优化的配置方案。

　　第六步，对可以自动化的装配工作进行配置。从选择自动化开始，逐步地考虑混合装配和手工装配的方案。确定各种方案的成本因子。图 7-13 展示了具体的配置程序。

　　第七步，计算所有配置方案的单件成本，并且检查需求变动时系统的稳健性。

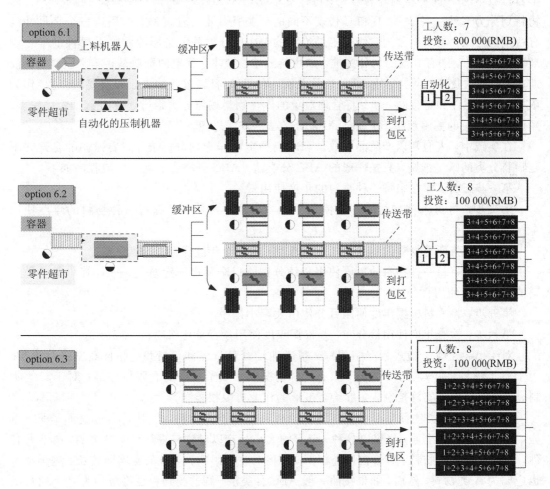

图 7-13　可选方案(资料来源：Battini D 等，2009)

# 7.3　物料的准备与控制

物料是装配系统的关键流动要素，是装配的对象。物料准备包括组织准备和技术准备两个方面。组织准备包括准备对象、准备的类型和形式、准备量、准备来源、准备地点、取消和执行准备的能力、准备时刻等。技术准备包括准备技术、信息技术等。

### 1. 物料的分类方法

常用的物料分类方法包括 ABC 分类和 XYZ 分类。

物料 ABC 分类和帕累托原理（Pareto）有着类似的思想，帕累托图最早用于解释经济学中的一个现象，即 20% 的人口控制了 80% 的财富，这一现象被概括为"重要的少数和次要的多数"，这就是帕累托原理。帕累托原理也适用于企业的物料管理决策中：将物料单元累计 20%，但成本却占总成本的 80% 的物料划分为 A 类；将物料单元累计 20%~50%，而成本占总成本 15% 的物料划分为 B 类；将存货单元累计 50%~100%，而成本占总成本 5% 的物料划分为 C 类。字母 A、B 和 C 代表不同的分类且其重要性递减，选用这三个字母并没有特别的意义，将物料分为三级也不是绝对的。这种分类并不是影响物料重要性的唯一标准，除此之外，还有其他的划分标准，如物料的单位成本、物料的资源是否容易获得、提前期、物料的缺货成本等。运用 ABC 法的关键，在于如何以"重要的少数和次要的多数"作为依据，通过定性和定量的分析，将管理对象的库存物料按照分类指标划分为 A、B、C 三类，然后采取相应的控制策略，这就是 ABC 分类法的基本思想。

在实践中，人们常以产品品种数量和对应的金额作为划分标准，需要强调的是这并不是物料分类的唯一准则，只是一般的 ABC 分类法。ABC 分类法实施的一般程序如下：

第一步，确认库存中每一种物料的年度使用量。

第二步，将每一种物料的年度使用量和物料成本相乘，计算每一种物料的年度使用金额。

第三步，将所有物料的年度使用金额求和，得到全年度库存总金额。

第四步，将每一种物料的年度使用金额分别除以全年度库存总金额，计算出每一种物料的总计年度使用百分比。

第五步，将物料根据年度使用百分比由大至小排序。

第六步，检查年度使用量分布，并根据年度使用量百分比将物料加以分类。

对于 A 类物料，应进行严格跟踪，精确地计算订货点和订货量，并且经常进行维护；对于 B 类物料，则实施正常控制，只有特殊情况下才赋予较高的有限权控制；对于 C 类物料，尽可能简单地实施控制，一般给予最低的作业有限权控制。

这种 ABC 分类法简单易行，有助于分析和控制重点物料，但其缺点也显而易见。首先，判别的标准不全面，仅仅以品种、金额的大小是难以对物料进行科学分类的，如有些备件，或比较重要的物料，尽管占用金额不高，但对生产影响大，且采购周期较长，这类物料也应归为 A 类物料。然而，如果按照一般 ABC 分类法，则这类物料也许应归为 B 类或 C 类物料，因此，ABC 的划分，不仅取决于品种和金额的大小，还取决于物料的重要性程度、采购周期的长短等，只有综合考虑这些多种因素，才能合理地区分 ABC。另外，一般分类法只是一种粗略的分类,因为物料通常品种很多,一次划分难以合理,也不易控制,往往需要更细、更具体的、针对性的划分方法。

　　XYZ 分类法是评估零件或物料的需求和消耗结构的方法,X 类为消耗的高稳定性,Y 为消耗的规律波动,Z 为消耗的不规律波动,如图 7-14 所示。实际操作中,则以全年销售预测的准确率为分类标准,预测准确率最高的为 X 类物料,可以适当调低库存,处于中间的为 Y 类物料,可以考虑一定数量的库存,而 Z 类最不准确,必须考虑比较高的库存。管理 XYZ 分类法的原则是在保证不断货的前提下,通过降低易预测的成品库存以减少总库存。

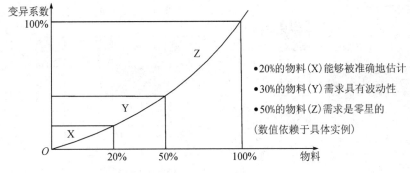

图 7-14　XYZ 分类法

　　在实际中工作,通常将 ABC 和 XYZ 分类法联合使用,形成 ABC—XYZ 物料分类(见表 7-7)。这样将物料细分为九小类,每个小类在价值比重、需求稳定性和预测准确性方面的属性如表 7-8 所示,其决策支持建议如图 7-15 所示。

表 7-7　ABC—XYZ 分类表

| 价值 / 规律性 | A | B | C |
|---|---|---|---|
| X | AX | BX | CX |
| Y | AY | BY | CY |
| Z | AZ | BZ | CZ |

表 7-8　小类物料属性表

| | 价值比重 | 需求 | 预测准确性 |
|---|---|---|---|
| AX | 高 | 稳定 | 高 |
| BX | 中等 | 稳定 | 高 |
| CX | 低 | 稳定 | 高 |
| AY | 高 | 波动 | 中等 |
| BY | 中等 | 波动 | 中等 |
| CY | 低 | 波动 | 中等 |
| AZ | 高 | 不规律 | 低 |
| BZ | 中等 | 不规律 | 低 |
| CZ | 低 | 不规律 | 低 |

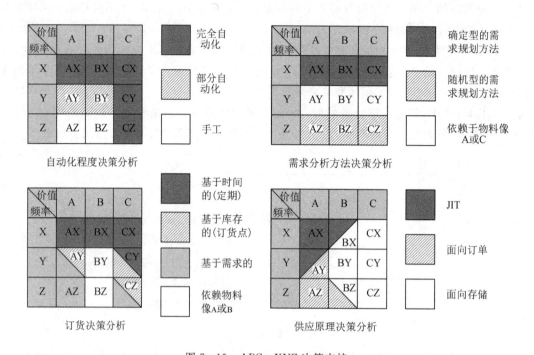

图 7-15　ABC—XYZ 决策支持

**例 7-4**　某企业物料的数据，如表 7-9 所示，请进行 ABC—XYZ 分类。

**表 7-9　企业数据（数据来源：A. Brunner 的报告）**

| 物料号 | 平均单价/(元/件) | 消耗总量 | 月消耗量 | | | | | | | | | | | |
|---|---|---|---|---|---|---|---|---|---|---|---|---|---|---|
| | | | 12月 | 11月 | 10月 | 9月 | 8月 | 7月 | 6月 | 5月 | 4月 | 3月 | 2月 | 1月 |
| M1 | 15 | 226 200 | 9500 | 21 700 | 13 600 | 18 200 | 24 700 | 6500 | 11 600 | 27 200 | 24 000 | 26 100 | 15 000 | 28 100 |
| M2 | 300 | 81 900 | 78 00 | 1000 | 8 300 | 11 200 | 8000 | 2600 | 9200 | 10 700 | 4400 | 7000 | 700 | 11 000 |
| M3 | 10 | 181 110 | 14 532 | 32 130 | 13 692 | 8390 | 14 182 | 13 888 | 18 640 | 16 968 | 2670 | 10 605 | 14 483 | 20 930 |
| M4 | 650 | 34 900 | 3500 | 700 | 3400 | 1400 | 3500 | 5800 | 2900 | 3500 | 600 | 2800 | 1900 | 4900 |
| M5 | 35 | 11 300 | 1900 | 0 | 2000 | 0 | 0 | 1800 | 0 | 0 | 1700 | 2700 | 0 | 1200 |
| M6 | 25 | 94 800 | 4500 | 9000 | 8500 | 10 000 | 9500 | 7500 | 8200 | 9500 | 9000 | 8500 | 8100 | 2500 |
| M7 | 45 | 23 100 | 400 | 200 | 1300 | 400 | 700 | 2300 | 3400 | 1900 | 3200 | 2400 | 3600 | 3300 |
| M8 | 20 | 118 200 | 8300 | 2000 | 19 500 | 1600 | 16 800 | 6400 | 10 500 | 10 000 | 10 100 | 9200 | 22 500 | 1300 |
| M9 | 450 | 16 200 | 900 | 2800 | 100 | 300 | 0 | 3200 | 0 | 1800 | 1500 | 0 | 3000 | 2600 |
| M10 | 750 | 38 300 | 4000 | 0 | 10 000 | 0 | 7500 | 0 | 6200 | 2500 | 0 | 5000 | 3100 | 0 |

**解**　(1) 进行 ABC 分析。

① 计算各种物料的消耗金额和百分比，如表 7-10 所示。

**表 7 - 10 消耗金额及百分比**

| 物料号 | 平均单价/(元/件) | 消耗总量 | 消耗价值 | | 排序 |
|---|---|---|---|---|---|
| | | | 金额/元 | 百分比 | |
| M1 | 15 | 226 200 | 3 393 000 | 4% | 5 |
| M2 | 300 | 81 900 | 24 570 000 | 26% | 2 |
| M3 | 10 | 181 110 | 1 811 100 | 2% | 8 |
| M4 | 650 | 34 900 | 22 685 000 | 24% | 3 |
| M5 | 35 | 11 300 | 395 500 | 0% | 10 |
| M6 | 25 | 94 800 | 2 370 000 | 3% | 6 |
| M7 | 45 | 23 100 | 1 039 500 | 1% | 9 |
| M8 | 20 | 118 200 | 2 364 000 | 2% | 7 |
| M9 | 450 | 16 200 | 7 290 000 | 8% | 4 |
| M10 | 750 | 38 300 | 28 725 000 | 30% | 1 |
| 总计 | | | 94 643 100 | 100% | |

② 按消耗值的百分比降序排序，接着计算消耗值累计百分比和物料种类数的累计百分比，然后根据 ABC 分类原则，进行 ABC 物料分类。具体计算过程如表 7 - 11 和图 7 - 16 所示。

**表 7 - 11 ABC 分类过程表**

| 排序 | 物料号 | 单价 | 消耗量 | 消耗值 | | | 物料种类比例 | | | ABC分类 |
|---|---|---|---|---|---|---|---|---|---|---|
| | | | | 金额 | 百分比 | 累计百分比 | 种类数 | 百分比 | 累计百分比 | |
| 1 | M10 | 750 | 38 300 | 28 725 000 | 30% | 30% | 1 | 10% | 10% | A |
| 2 | M2 | 300 | 81 900 | 24 570 000 | 26% | 56% | 1 | 10% | 20% | A |
| 3 | M4 | 650 | 34 900 | 22 685 000 | 24% | 80% | 1 | 10% | 30% | A |
| 4 | M9 | 450 | 16 200 | 7 290 000 | 8% | 88% | 1 | 10% | 40% | B |
| 5 | M1 | 15 | 226 200 | 3 393 000 | 4% | 92% | 1 | 10% | 50% | B |
| 6 | M6 | 25 | 94 800 | 2 370 000 | 3% | 95% | 1 | 10% | 60% | B |
| 7 | M8 | 20 | 118 200 | 2 364 000 | 2% | 97% | 1 | 10% | 70% | C |
| 8 | M3 | 10 | 181 110 | 1 811 100 | 2% | 99% | 1 | 10% | 80% | C |
| 9 | M7 | 45 | 23 100 | 1 039 500 | 1% | 100% | 1 | 10% | 90% | C |
| 10 | M5 | 35 | 11 300 | 395 500 | 0% | 100% | 1 | 10% | 100% | C |
| 合计 | | | | 94 643 100 | 100% | | 10 | 100% | | |

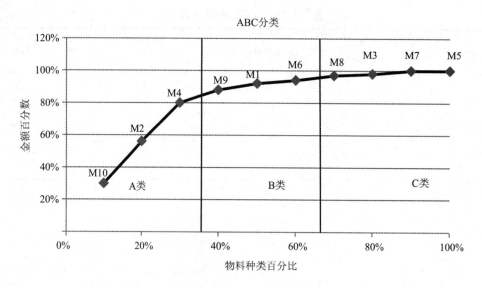

图 7 - 16　ABC 分类图

（2）进行 XYZ 分析。XYZ 分析关键式求出各种物料的变异系数。变异系数的计算公式如下：

$$s = \sqrt{\sum_{n=1}^{m} \frac{(V_n - \overline{V})^2}{N}} \qquad (7-1)$$

$$\overline{V} = \frac{\sum_{n=1}^{m} V_n}{N} \qquad (7-2)$$

$$VC = \frac{s}{\overline{V}} \times 100\% \qquad (7-3)$$

式中：VC 为变异系数；$S$ 为标准方差；$V_n$ 为第 $n$ 期的消耗量；$\overline{V}$ 为 $n$ 期的平均消耗量；$N$ 为考虑的周期数量。

具体 XYZ 分类步骤如下：

① 分别计算各物料消耗量的平均值、标准偏差和变异系数，结果如表 7 - 12 所示。

表 7 - 12　XYZ 分类计算过程表

| 物料号 | 平均单价 /（元/件） | 消耗总量 | 确定变化系数的操作步骤 | | | | 排序 |
|---|---|---|---|---|---|---|---|
| | | | $\overline{V} = \dfrac{\sum_{n=1}^{m} V_n}{N}$ | $s = \sqrt{\sum_{n=1}^{m} \dfrac{(V_n - \overline{V})^2}{N}}$ | $\dfrac{s}{\overline{V}}$ | VC | |
| M1 | 15 | 226 200 | 18 850 | 7142 | 0.38 | 38% | 2 |
| M2 | 300 | 81 900 | 6825 | 3616 | 0.53 | 53% | 5 |
| M3 | 10 | 181 110 | 15 093 | 6860 | 0.45 | 45% | 3 |
| M4 | 650 | 34 900 | 2908 | 1504 | 0.52 | 52% | 4 |
| M5 | 35 | 11 300 | 942 | 993 | 1.05 | 105% | 10 |
| M6 | 25 | 94 800 | 7900 | 2115 | 0.27 | 27% | 1 |

续表

| 物料号 | 平均单价/(元/件) | 消耗总量 | 确定变化系数的操作步骤 | | | | 排序 |
|---|---|---|---|---|---|---|---|
| | | | $\overline{V} = \dfrac{\sum\limits_{n=1}^{m} V_n}{N}$ | $s = \sqrt{\sum\limits_{n=1}^{m} \dfrac{(V_n - \overline{V})^2}{N}}$ | $\dfrac{s}{\overline{V}}$ | VC | |
| M7 | 45 | 23 100 | 1925 | 1238 | 0.64 | 64% | 6 |
| M8 | 20 | 118 200 | 9850 | 6579 | 0.67 | 67% | 7 |
| M9 | 450 | 16 200 | 1350 | 1237 | 0.92 | 92% | 8 |
| M10 | 750 | 38 300 | 3192 | 3283 | 1.03 | 103% | 9 |

② 按照变异系数进行排序，计算物料种类数的累计百分比，然后根据 XYZ 的分类原则进行 XYZ 分类。具体计算结果见表 7 - 13 和图 7 - 17。

**表 7 - 13　XYZ 分类结果表**

| 排序 | 物料号 | 单价 | 消耗量 | VC | 物料种类比例 | | | XYZ 分类 |
|---|---|---|---|---|---|---|---|---|
| | | | | | 种类数 | 百分比 | 累计百分比 | |
| 1 | M6 | 25 | 94 800 | 27% | 1 | 10% | 10% | X |
| 2 | M1 | 15 | 226 200 | 38% | 1 | 10% | 20% | X |
| 3 | M3 | 10 | 181 110 | 45% | 1 | 10% | 30% | X |
| 4 | M4 | 650 | 34 900 | 52% | 1 | 10% | 40% | Y |
| 5 | M2 | 300 | 81 900 | 53% | 1 | 10% | 50% | Y |
| 6 | M7 | 45 | 23 100 | 64% | 1 | 10% | 60% | Y |
| 7 | M8 | 20 | 118 200 | 67% | 1 | 10% | 70% | Y |
| 8 | M9 | 450 | 16 200 | 92% | 1 | 10% | 80% | Y |
| 9 | M10 | 750 | 38 300 | 103% | 1 | 10% | 90% | Z |
| 10 | M5 | 35 | 11 300 | 105% | 1 | 10% | 100% | Z |
| 合计 | | | | | 10 | 100% | | |

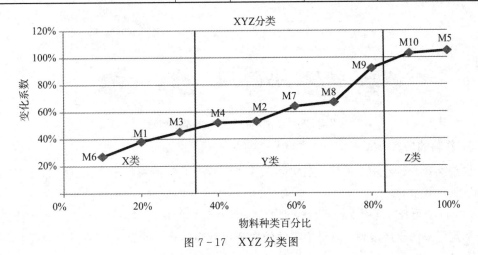

图 7 - 17　XYZ 分类图

（3）进行 ABC—XYA 联合分类，具体结果如图 7-18 所示。

| 价值<br>频率 | A | B | C |
|---|---|---|---|
| X | | M1<br>M6 | M3 |
| Y | M2<br>M4 | M9 | M7<br>M8 |
| Z | M10 | | M5 |

图 7-18　ABC—XYZ 分类结果

**2. 装配中物料准备的原理**

装配生产物料准备可以分为由需求控制的物料准备和由消耗控制的物料准备两种方式。由需求控制的物料准备是指每个装配步骤由生产规划的中心控制来确定，指令哪几件装配零件必须在哪个时间可以由下一个部门使用，这是常说的推式（Push）原理，如图 7-19所示。采用由消耗控制的物料准备（拉式），如图 7-20 所示，则是当库存消耗掉而人员需要物料时，物料才会被准备。这种方式是由人员自己决定时间，由下游位置控制上游的生产单位，生产控制减少为对最后一个生产步骤的计划和监控，通常根据拉动原理工作。

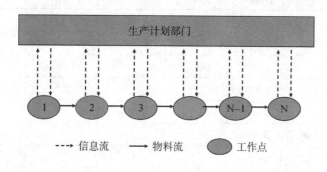

图 7-19　由需求控制的物料准备（推式）

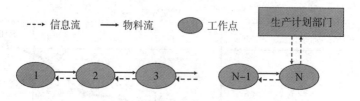

图 7-20　由消耗控制的物料准备（拉式）

**3. 物料的准备形式**

根据推式和拉式两个原理，在实际工作中，形成了多种物料准备形式，如图 7-21 所示，分别介绍如下：

（1）订单委托。订单委托是由需求控制，针对订单的物流准备，起始点是某个固定时间段内特定订单的生产规划；清单中零件的取消可导致生产订单的改变；根据委托和订单进行准备。这种方式应用于产品的种类和样式多、批量小到中等的重要物料的准备。这种方式具有完成订单后工位上没有余量、低混淆度、没有巨大的零件多样性、工位上没有次品等优点，但是，存在委托支出高、零件没有分类管理、质量要求高等缺点。

(2) 准时制。准时制是在生产规划的基础上由需求控制的物料准备和交付时间准确的物料准备(次序固定)。它应用于稳定的生产规划、较短的重置时间、基础零件、大型、不便搬动的零件、敏感零件等物料准备，具有低资本约束、无仓储管理、无混淆可能、低物料周期、高发货预备度等优点，同时也存在控制消耗和运输消耗高、要求质量达到100%、故障风险大等缺点。

(3) 多容器系统。多容器系统由消耗控制，与订单无关的物料准备；激活物料准备的元素为消耗地点的一个容器为空；准备的量为一个标准容器的标准量。多容器系统应用于对准备来说不重要的零件、连续性消耗零件、同样零件/组合部件的少量类型的物料准备，具有控制成本低、无次品、路径短、简单的系统补给等优点，同时还存在工位上的余量/物料堆、有混淆的危险、老化的危险、损耗的危险等缺点。

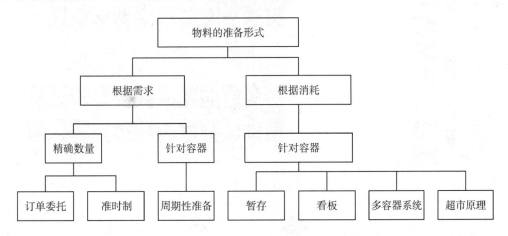

图 7-21  物料的准备形式(改自：Bullinger 和 Lung，1994)

(4) 看板。看板是由消耗控制的，与订单无关的物料准备。激发物料准备的信号为向指定工作者发送一个看板卡片，准备量是一个持续固定的标准量。看板应用于对准备来说不重要的零件、连续性消耗、类型少、技术成熟的物料准备，具有最小化的控制成本、优化面积平衡、无次品、无不需要的库存等优点，同时具有工位上有余量、工位处物料堆、混淆危险、老化危险等缺点。

**4. 送料方式**

装配系统物料多种多样，物料准备和控制方法也不同，因此装配系统的供料系统也是多种多样的。图 7-22 是一种"托盘到装配工位"(Pallet to Work Station)的供料方式。这种方式中，物料以整托盘(也可以是整箱)的方式存储在仓库中，使用时，以托盘(箱)为单位，送到装配工位。当物料没有被用完时，需要退回仓库。这种供料系统使得仓库工作人员的工作简单，但是需要占用大量的装配工位附近的空间，存在反向的物料等。图 7-23 是一种"物料小车到装配工位"(Trolley to Work Station)的供料方式。这种方式是根据每个装配工位所需的物料清单，在仓库中进行拣货，然后用小车送到各个工位。这种方式可以减少对装配工位附近空间的需求，减低工位的库存量，不存在反向物流，但需要仓库管理人员拣货。图 7-24 是一种"齐套到产线"(Kit to Assemble Line)的供料方式。这种方式是仓库管理人员根据某条产线的物料需求清单拣货，然后由物料小车送到产线，物料小车随着装配工件，依次通过产线的各个工位。物料小车上有各个装配工位所需的物料，为了避免混淆，通常用不同的颜色进行标识。

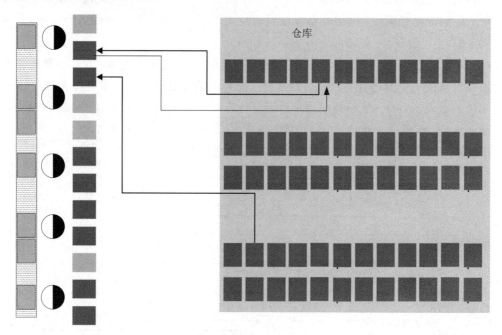

图 7-22　托盘直送工位(资料来源:D. T. Matt, 2013)

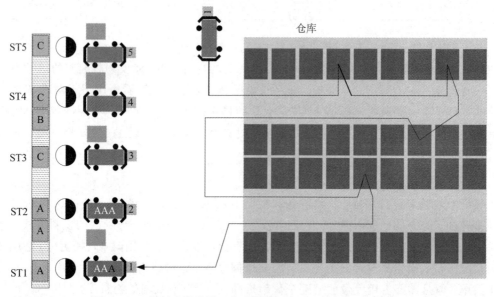

图 7-23　物料小车送到工位(资料来源:D. T. Matt, 2013)

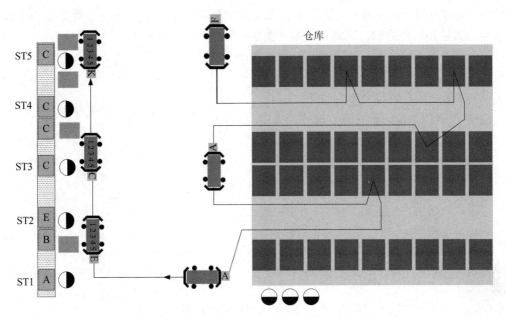

图 7-24 物料小车齐套到产线(资料来源:D. T. Matt,2013)

## 7.4 小 结

装配系统结构多种多样,纷繁复杂。结构规划是装配系统规划的重要内容,它决定了装配系统在时空方面的基本表现形式。为了适应多品种、小批量的生产装配模式,以"一件流"为主要特征的生产装配单元表现出比较大的柔性和适应力。读者可以进一步阅读相关文献资料,应用本章阐述的基本知识,对这种装配单元的能力域划分特征、连接特征和物料准备特征进行解剖和分析。

## 习 题

1. 什么是装配系统能力域?能力域分配的基本类型有哪些?
2. 刚性固定连接和非固定连接各有何优缺点?
3. 物料准备包括哪些方面?请列举常见的物料分类方法。
4. 实际工作中,常采用的物料准备形式有哪些?
5. 已知某产品的装配工艺流程图如图 7-25 所示,图中左边方格表示装配预设时间

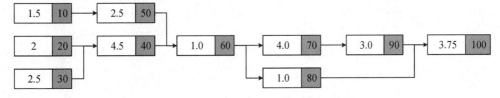

图 7-25 某产品的装配工艺流程图

（分钟），右边方格表示工序号。假设为了完成装配系统，需要 13 名工人。请给出一个按工序内容和数量相结合的能力域划分方案，该方案尽量满足以下要求：

（1）明确表示每个工人的装配工序和数量；

（2）工人在培训方面的成本尽量低；

（3）尽量充分利用每个工人的能力。

6. 请给出四工位的所有能力域分配方案(14 种)。

# 第 8 章　布 局 规 划

布局规划是在考虑经济、生态环境和职业健康与安全的约束下，综合考虑即将实施的装配系统对象的空间和功能协调，以及与外围区域之间的关系的详细规划。布局规划阶段的结果是理想的、大概的或详细的布局。

## 8.1　布局规划的基本概念

### 1. 布局规划的目标

布局是对装配系统中的功能和结果单元的空间布置，布局的结果用布局图的形式表达。通过布局规划，要达成以下目标：在流程方面，尽量减少过程阶段和技术工作流程、争取整合流程、最小化 THS 过程；在面积方面，尽量减少整体占地面积、争取建筑面积和房间面积的最佳利用、方便未来装配系统的扩展、考虑对象之间存在的流的关系、面向流程的设施安排、降低运输系统的复杂性、低损耗/低成本的供应和处理系统；在盈利能力方面，具有良好的投资成本/收益关系，能快速回收投资，尽可能降低实施布局时的财务支出，尽可能降低新的装配系统运作成本；在稳健性方面，无物体的碰撞和危险、规定/实施职业和环境保护要求、创建安全/故障和应急计划；在人工方面，实施由人体工程学科学支持的劳工组织形式、工作环境的人体工程学设计、考虑工作环境因素/尽量减少干扰影响、为参与者积极参与创造条件。

### 2. 布局规划的类型

布局可以分为三个类别，即理想布局、大概布局和实际布局。理想布局是不考虑限制条件下最优的解决方案。这里的最优是只考虑产品流程和占地面积要求的优化。大致布局是实际布局的临时步骤，特别关注新建或现有建筑物的建筑参数，其中包含结构和功能单元的地面空间布置、运输路线(闸门，起重机)、供应和处理流程以及以方框形式(方框布局)图示的安装系统。实际布局是考虑到所有限制的布局。根据特征(产品生产程序/过程)，当从理想到现实的布局适应时，应考虑多种不同的因素和要求/限制，作为整体目标开发的规划信息。

### 3. 布局规划的指南

布局的三个类别，其实也是布局规划的三个步骤，是一个由理想到现实、由大致到细致的过程。在实际布局规划中，要尽量争取实际和理想布局之间的最大一致性。理想布局是没有考虑实际情况约束时的最佳结果，为实际布局规划提供了目标和定位，但是由于实际情况的限制，实际布局规划在某些绩效指标方面会达不到最优，但要保持最大的一致性。在实际布局中，要尽力实现空间分离以便提高设施利用率，如确保重量更轻、更高和更低的设备/系统的空间分离，以确保更好地利用房间高度以及建筑物中的地板和天花板的承载能力；在环境压力不相容的情况下，如振动(压力机和锤子)、加热(干燥炉和锻造)、灰尘

（研磨机和抛光机）、噪音（冲头和压力机）等，确保生产站/设备的空间分离；将具有类似环境影响或要求的机器和手动工作站（排放、光照、温度和湿度条件）分组在一起等。在分区分组时，可以考虑通过将这些结构单元转移到周边区域并考虑更多区域，实现充分的灵活性（产品组合、生产范围），并确保扩展能力（增加容量需求）。同时，实际布局中，要尽可能缩短操作人员的行走路程，尽量减少干扰影响，不允许超过最大工作场所排放浓度（MAK值），保持应急路线、安全区域清晰，保证危险区域容易识别，确保所有设备操作站都能看到和听到设备相关的警告信号。

装配系统布局规划都是复杂的，每个规划方案都有优先考虑的变量和目标，规划师应将这些目标和变量牢记于心。

# 8.2　理想布局规划

理想布局是不考虑工厂实际约束情况的一种最优布局。目前，理想布局主要借助计算机和算法来进行。下面介绍三种计算机辅助布局规划方法，以便大家掌握如何应用不同的定量概念来生成布局可选方案。

**1. CRAFT**

计算机化的设施相对位置分配技术（Computerized Relative Allocation of Facilities Technique，CRAFT）具有以下基本属性。

（1）输入：从至表，成本矩阵，最初的布局。

（2）目标：基于距离的。

（3）设施表示：离散网格，没有形状的限制。

在 CRAFT 中，通过设施的两两互换位置来产生新的布局方案。实际中大量的细节需要做出限制和说明。CRAFT 算法步骤如下：

第一步，从最初的布局开始，所有设施都由单独的正方形网格组成（注意，每个网格表示相同的面积）。

第二步，设施互换，这里互换的是设施的几何中心；这里只考虑相邻设施之间的互换。如果设施 $i$ 和设施 $j$ 交换，则新的几何中心 $i$＝几何中心 $j$，新的几何中心 $j$＝几何中心 $i$。

第三步，如果第二步中最好的交换产生的估计成本低于目前发现的最低成本，则执行互换。交换的实际结果与问题有关。

第四步，如果第二步中最好的交换估计成本高于目前发现的最低成本，则停止。否则，返回第一步。

**例 8-1**　部门（设施）数据及流数据如表 8-1 所示。初始布局如图 8-1 所示，E 和 F 互换布局（见图 8-2），最终布局（见图 8-3）经过处理后的布局（见图 8-4）。

在 CRAFT 中，可以将某个设施固定在某个位置，不能移动。也能够对不规则形状的设施、障碍物、额外空间、走廊等进行建模，这样增加了布局与实际状况的符合程度。CRAFT 一般很难获得全局最优解，所以要尝试使用多个初始布局进行计算，从中找出最好的方案。随着计算机计算能力的发展，已经可以以不同几何中心来计算设施之间的距离了。为了保持设施不被分割，相邻的设施并不一定可以互换。

## 表 8-1　部门(设施)数据及流数据

| 设施编号 | 面积 | 网格数 | 流数据 | | | | | | | |
|---|---|---|---|---|---|---|---|---|---|---|
| | | | A | B | C | D | E | F | G | H |
| A | 12 000 | 30 | 0 | 45 | 15 | 25 | 10 | 5 | 0 | 0 |
| B | 8 000 | 20 | 0 | 0 | 0 | 30 | 25 | 15 | 0 | 0 |
| C | 6 000 | 15 | 0 | 0 | 0 | 0 | 5 | 10 | 0 | 0 |
| D | 12 000 | 30 | 0 | 20 | 0 | 0 | 35 | 0 | 0 | 0 |
| E | 8 000 | 20 | 0 | 0 | 0 | 0 | 0 | 65 | 35 | 0 |
| F | 12 000 | 30 | 0 | 5 | 0 | 0 | 25 | 0 | 65 | 0 |
| G | 12 000 | 30 | 0 | 0 | 0 | 0 | 0 | 0 | 0 | 0 |
| H | 2 000 | 5 | 0 | 0 | 0 | 0 | 0 | 0 | 0 | 0 |

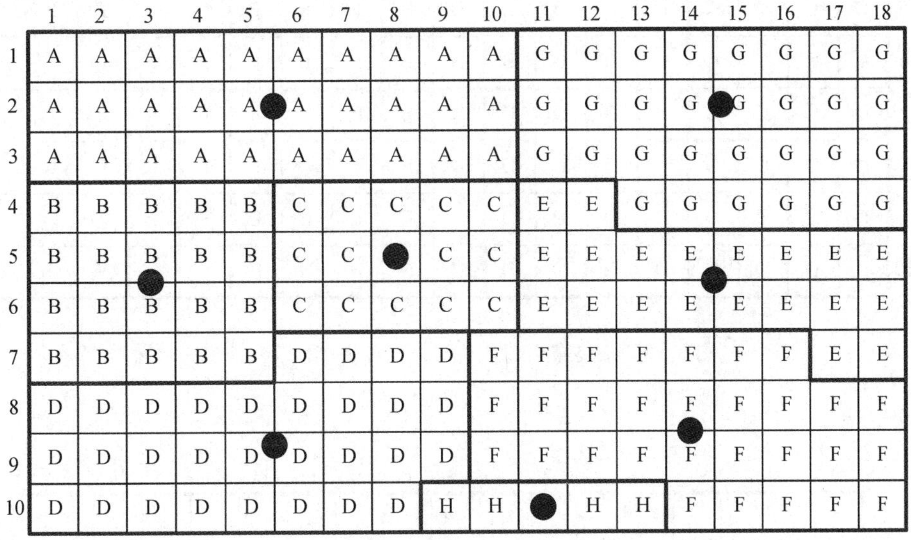

图 8-1　初始布局以及设施的几何中心点(目标值为 $Z=2974\times20=59\,480$(单位))

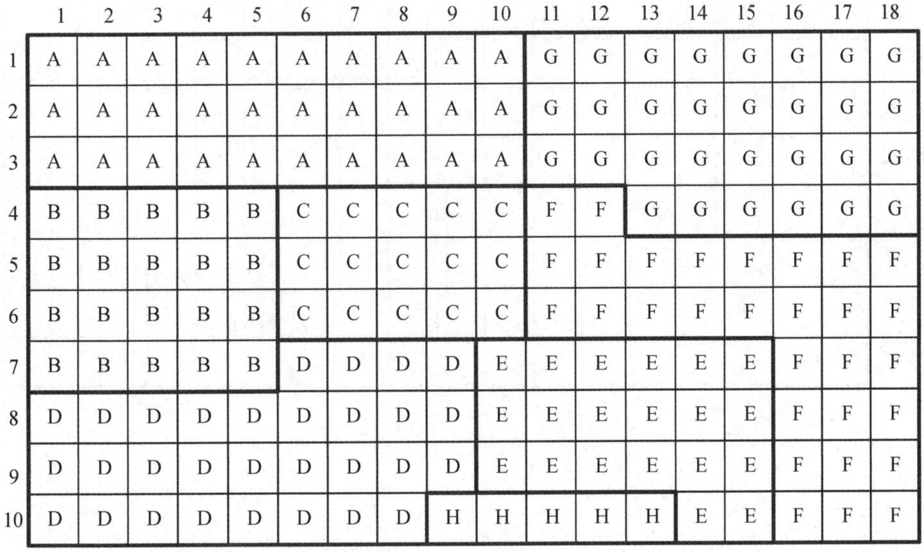

图 8-2　E 和 F 互换的布局图($Z=2953\times20=59\,060$(单位))

| | 1 | 2 | 3 | 4 | 5 | 6 | 7 | 8 | 9 | 10 | 11 | 12 | 13 | 14 | 15 | 16 | 17 | 18 |
|---|---|---|---|---|---|---|---|---|---|---|---|---|---|---|---|---|---|---|
| 1 | A | A | A | A | A | A | A | A | A | A | G | G | G | G | G | G | G | G |
| 2 | A | A | A | A | A | A | A | A | A | A | G | G | G | G | G | G | G | G |
| 3 | A | A | A | A | A | A | A | A | A | A | G | G | G | G | G | G | G | G |
| 4 | C | C | C | B | B | B | B | B | B | B | F | F | G | G | G | G | G | G |
| 5 | C | C | C | C | B | B | B | B | B | B | F | F | F | F | F | F | F | F |
| 6 | C | C | C | C | B | B | B | B | B | B | F | F | F | F | F | F | F | F |
| 7 | C | C | C | C | B | D | D | D | D | E | E | E | E | E | E | F | F | F |
| 8 | D | D | D | D | D | D | D | D | D | E | E | E | E | E | E | F | F | F |
| 9 | D | D | D | D | D | D | D | D | D | E | E | E | E | E | E | F | F | F |
| 10 | D | D | D | D | D | D | D | D | H | H | H | H | H | E | E | F | F | F |

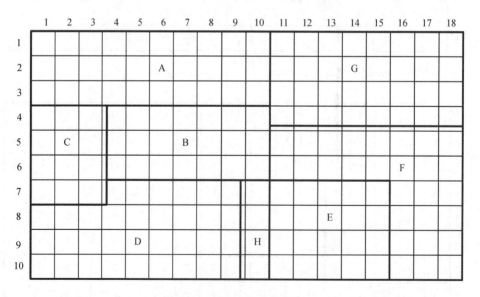

图 8-3　最终布局($Z=2833.50\times20=56\ 670$(单位))

图 8-4　经过处理后的布局

**2. BLOCPLAN**

BLOCPLAN 布局方法具有以下基本特征。

（1）输入：实际关系图，从至表，初始布局图。

（2）目标：邻接性或者基于距离。

（3）设施描述：连续，仅限于跨设施的水平带，最大的设施数量有限制。

BLOCPLAN 自动进行两两互换操作，也可以手动进行互换。

BLOCPLAN 有直接将定性关系图转换为数值比例的方法。默认值为 A＝10、B＝5、I＝2、O＝1、U＝0、X＝－10。如果需要，则可调整这些值。

BLOCPLAN 也可以将从至表转换为活动关系图，如图 8－5 所示。

From-To

|   | A | B | C | D |
|---|---|---|---|---|
| A | X | 10 | 5 | 4 |
| B | 1 | X | 1 | 20 |
| C | 2 | 3 | X | 10 |
| D | 5 | 8 | 10 | X |

Flow Between

|   | A | B | C | D |
|---|---|---|---|---|
| A | X | 11 | 7 | 9 |
| B |   | X | 4 | 28 |
| C |   |   | X | 20 |
| D |   |   |   | X |

图 8－5　从至表与活动关系图的转换

BLOCPLAN 也可以计算一个布局关系-距离值，计算公式为

$$\sum_{i=1}^{m} \sum_{j=1}^{m} f_{ij} d_{ij}$$

式中：$f_{ij}$ 为关系的值。

**3. MULTIPLE**

MULTIPLE 是指多层工厂布局评估（MULTI-floor Plant Layout Evaluation），具有以下基本特征。

（1）输入：从至表，费用矩阵，初始布局，垂直提升数据（用于多层布局）。

（2）目标：基于距离的。

（3）设施描述：离散网格。

MULTIPLE 能够自动执行两两互换产生新的布局，也可以同启发式算法（蚁群算法）产生新的布局。

MULTIPLE 克服了其他方法的一些缺陷，具有更大的柔性。CRAFT 只能互换相邻的设施，而 BLOCPLAN 严格限定设施成行布置。

MULTIPLE 也应用于多层设施布局，它克服了其他布局方法应用于多层设施布局的局限。如 CRAFT 中，设备被分割时有发生、没有考虑电梯的位置、楼层布局独立。

MULTIPLE 比 BLOCPLAN 具有更多的设施形状柔性，又比 CRAFT 有更好的形状控制。

MULTIPLE 也可以包含设施的约束，比如墙、设施固定、阻塞等。

MULTIPLE 的基础是空间填充曲线。空间填充曲线具有精确的数学定义，MULTI-PLE 使用的一种空间填充曲线是三阶 Hilbert 曲线（见图 8-6）。直观地认为，空间填充曲线是在布局中从一个网格移动到另一个网格时所经过的路径；曲线将通过每个网格的中心，只能移动到相邻网格；所有的转弯都必须是直角转弯；用于在交换任意两个部门时重构新的布局。

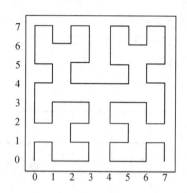

图 8-6　三阶 Hilbert 曲线及其编号

空间填充曲线有多种形式，可以手工生成。图 8-7 描述了同一个网格的两个不同的空间填充曲线。

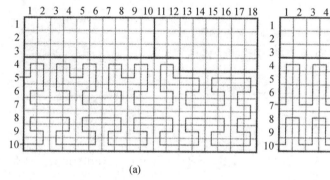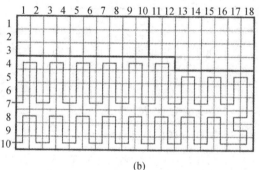

　　　　　　　(a)　　　　　　　　　　　　　　　　(b)

图 8-7　两种不同的空间曲线

布局方案的生成。建立车间坐标系，将车间划分为面积相等的矩形网格，构建一条空间曲线遍历所有的网格，按照空间曲线的顺序对网格进行编号（见图 8-6）。在布局开始时，确定每个设施占用的第一个网格号，然后根据设施的面积需求（网格数）依次将网格分配给该设施。如图 8-6 中，第一个设施的开始网格号为"0"，所需的面积为 20 个网格，因此编号为 0～19 的网格分配给该设施。可以用空间填充曲线经历的设施顺序来表征布局方案，如空间填充曲线依次经历设施 A、B、C、D、E，则该布局方案就可以表示简单描述为 ABCDE。

设施形状约束。在许多布局方法中，设施形状定义为矩形，严格设定了设施的长和宽，MULTIPLE 只设定设施的面积，难免会产生一些不符合设施需求的形状，为避免这种情况发生，需要对设施形状进行约束。目前几何形状测度的方法主要有三种，即设施包络矩形的长宽比、设施包络矩形的周长与设施面积之比、设施周长与设施面积之比。这三种方法中，精度最高的是设施周长与设施面积之比，但是需要开销比其他两种方法多许多的计算时间。本文选择设施包络矩形周长与设施面积之比为设施形状的测度方法，该方法精度介于其他两种方法之间，而所需计算的时间少。对于给定的面积，正方形的包络矩形周长最小，因此选择正方形为理想形状，也就是说，对于设施 $i$，其最小的包络矩形周长为 $P_i^* = 4\sqrt{A_i}$。因此，对于一个面积为 $A_i$ 的设施，其包络矩形周长为 $P_i$，则其形状约束的测度为

$$\Omega_i = \frac{P_i}{P_i^*} = \frac{P_i}{4\sqrt{A_i}}$$

其中：$\Omega_i$ 为形状约束系数，一般要求 $\Omega_i \leqslant 1.5$。

如图 8-8 所示，两个图形面积相同，但周长不一样，左图周长为 20，右图周长为 12。右图更规则。

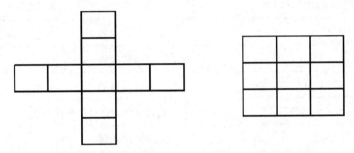

图 8-8　形状系数

新布局的产生。在 MULTIPLE 中，不仅进行相邻设施的互换，而且是所有设施进行互换。当面积大小不一且不相邻的设施互换时，将会引起这两个设施之间的其他设施的移动，其移动的顺序和规律由空间填充曲线来保障。

多楼层的布局。由于土地、房屋的价格攀升，城市土地有限，因此工厂越来越向垂直方向发展，多楼层的布局，特别是城市生产环境中的多楼层布局问题的现实需求越来越迫切。多楼层的建筑虽然在使用面积上增加了，但是增加了许多约束，使得许多部门或设施有可能被分割在不同的楼层。另外，电梯作为垂直方向的运输工具，其数量和位置对布局影响很大。还有，楼层还有其他约束，例如，承重能力、楼层高等，有些部门或设施不能被分割在不同的楼层。对多层布局问题，其目标函数不仅要包括水平距离，还有包括垂直方向的距离。目标函数变为

$$\text{Min} \sum_{i=1}^{N} \sum_{j=1}^{N} (c_{ij}^H d_{ij}^H + c_{ij}^V d_{ij}^V) f_{ij}$$

式中：$N$ 为设施的数量；$d_{ij}^H (d_{ij}^V)$ 为从设施 $i$ 到设施 $j$ 的水平（垂直）距离。

## 8.3　大致布局规划

大致布局规划的具体情况取决于正在安排的装配结构单元。这涉及单位的安排和流程相关的连接，主要规划好物流（主要运输路线）、能源流动（主要渠道）、信息流（主要渠道，路线，与物流的耦合）和工作流程（移动过程和工作流程）。大致布局包括具体装配单元的细节，通常来说，是对现有建筑空间的具体化。除了建筑平面图和尺寸之外，大致布局提供了有关建筑物地面空间的分解和利用的信息。近似布局应该包括：① 装配结构单元的位置和

大小；② 中心设施（例如卫生间和休息室）和系统；③ 门、大门和主要运输路线的位置；④ 结构单元之间的与物流有关的关联设施；⑤ 主要供应和处置路线的位置；⑥ 房间高度、允许的地面负载、水平差异；⑦ 关键机械和设备。对于某些特殊操作功能，需要制定特别计划以提供更清晰布局图，例如主干线电源布局等。

### 1. 约束

大致布局规划中，应考虑并记录规划过程中遇到的具体约束条件。表 8-2 显示了部分位置限制。交通路线和社会卫生间的布局也是布局规划的客观组成部分。

**表 8-2  影响大致布局规划的部分位置限制**

| 与位置相关的限制 | 来　源 |
| --- | --- |
| 地板/天花板承载能力 | 建设结构规划 |
| 房间高度 | 建设结构规划 |
| 外部传输连接 | 总体发展计划 |
| 供应和处理连接/连接可能性 | 建设主管，管道和布线计划 |
| 建筑物现有结构 | 建设结构规划 |
| 支柱和隔断墙 | |
| 级别差异 | |
| 现有地基 | |
| 现有的门和大门 | |

### 2. 运输路线布局

交通路线的最小宽度取决于运输工具/货物的宽度，以及是计划单向还是双向交通。根据路线的特点，应该考虑更多的边界宽度，如图 8-9 所示。这些数值适用于小于或等于 20 km/h 的运输速度。更高的运输速度需要更大的额外边距。在脚踏和机动车辆的情况下，必须实施 0.75 米的额外边距。在特定条件下，总增加量可减至 1.10 m（参见 ASR 17）。

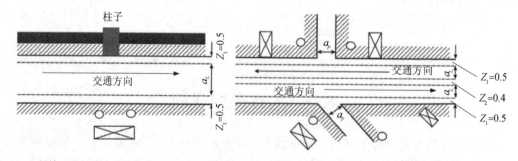

$a_L$—运输工具/运输产品的宽度；$a_p$—人行道宽度；$Z_1$—附加边界宽度；$Z_2$—附加通行边界

图 8-9  运输线路尺寸（来源：ASR 17）

机动交通路线必须距门、通道和楼梯至少 1 米的距离（参见 ASR 17）。人行道宽度应按照表 8 - 3 规定的人数确定。

**表 8 - 3　行人道宽度（来源：ASR 17）**

| 人数（密集区域） | 路径宽度/m |
| --- | --- |
| up to 5 | 0.875 |
| up to 20 | 1.00 |
| up to 100 | 1.25 |
| up to 250 | 1.75 |
| up to 400 | 2.25 |

必须考虑两则作业的方式，基于此，运输路线不应该沿着外墙排列。

布局规划必须使用以下标准连续评估（基于 Kettner 1984）：

（1）生产流程（物料、信息和能源流）；

（2）扩展和改变的可能性；

（3）工作环境；

（4）使用灵活；

（5）预期的投资和运营成本；

（6）环境保护，包括能源效率。

# 8.4　实际的布局规划

实际布局是整个规划项目可以实施的最终的成熟的详细布局，可以确保在每一个工位都能实现"人—机器—过程"之间的基于需求和平滑交互的实现。实际的布局规划是装配系统中所有设施的布局，包括设备、工作站和生产区域根据流程系统特定的、与职业安全有关的和人体工程学等方面进行布置安排。实际的布局详细地提供了关于设备、工作站和生产区域的布局和安装的信息，其中包括物体在其所有工作位置中使用地板空间细节对其描述和特征的定义，THS 设施也包括在内。实际的布局规划需要认真考虑装配设施的员工和后续操作人员的操作，以便确保装配系统的顺利实施。实际的布局规划的重要目标是：① 工人的最佳工作条件（关于操作、工作量等）；② 符合职业安全的工作站设计；③ 灵活的、节省地面空间的设施、工作站和生产区域；④ 确保设施、工作站和生产区域之间的材料有效流动；⑤ 确保成本合理；⑥ 执行装配结构规划要求。

实际布局是对大概布局的补充、丰富和完善，它包含有关要协调的对象和实际环境的所有详细信息。除大致布局中包含的信息之外，实际布局还提供了所有工作位置的机器和设备的位置和尺寸、供应和处理的连接负载、定位辅助 THS 设备、地基基础需要、职业安全设施和干扰效应等方面的信息。

**1. 具体限制**

必须系统地记录详细布局规划遇到的具体约束，既包括与监管有关的约束，如工作站中的移动空间、工作站测度、噪声、灯光、温湿度等（这类约束可能来自于各类标准文件和法律法规），又包括与现场地点相关的约束，如支柱和墙壁、光入射、运输路线、地基、供应和处理连接等。这些监管限制和约束可能来自工厂建设规划文件、大致的布局文件，以及供应商的描述文件中。

**2. 对象的布局和安装**

除了以上约束外，布局和安装受到的影响因素包括可用建筑面积/类型的建筑面积、运输/循环路线的过程、计划多台机器操作（MMO）等。基本上，所有的安装对象的安装类型可以分为固定安装（通常与基础）和可变安装（可移动安装）。相对于运输路线、设备安装可以按照平行安装、垂直安装和角度安装进行规划（见图 8-10）。平行安装时，安装宽度窄、传输可能性良好；垂直安装时，安装宽度宽、生产区域占用面积低；角度安装时，占用面积大、物料输入方便、采用日光比较方便。

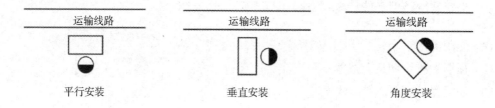

图 8-10 设备安装的基本类型

生产区域应该布局成基本几何形式（直线、三角形、多边形、圆形）（见图 8-11），其优缺点如表 8-4 所示。

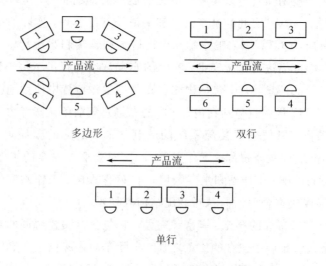

图 8-11 设备安装的形式

表 8 - 4　安装形式的优缺点

| 机器安装 | 优　　点 | 缺　　点 |
|---|---|---|
| 多边形 | 最短的服务通道<br>最佳可见度 | 大的空间需求<br>只适用于大致相似的机器尺寸<br>工件的存储在一定程度上受到阻碍 |
| 双排 | 便捷的服务通道<br>良好的可见度<br>方便工件存放 | 如果工件流量不同，则延长服务通道<br>如果需要角度安装（例如自动车床），则总体<br>可视性受到阻碍 |
| 行 | 最低的空间需求（转移线）<br>产品流动严密地相互关联 | 最长的服务通道<br>整体视野受阻 |

除了其他因素外，安装类型的决定还需考虑生产计划的持久性类型和程度，布置设施的类型、规模和功能，流量关系的技术解决方案和结构参数。

**3. 尺寸设计（最小和安全距离）**

设施和物体之间的间隙必须主要保证操作人员的安全，工作能力不受限制，以及设备功能不受妨碍（安全距离）。同时，它们的尺寸规格对于地板空间的最佳利用率（最小间隙）起决定性作用。系统规划员可以在相关表格中获得系统规划的最小/安全距离，特别是装配设施与其他实体（如墙壁）和运输/循环路线之间的默认距离。图 8 - 12 为装配系统提供了建议的最小间隙。

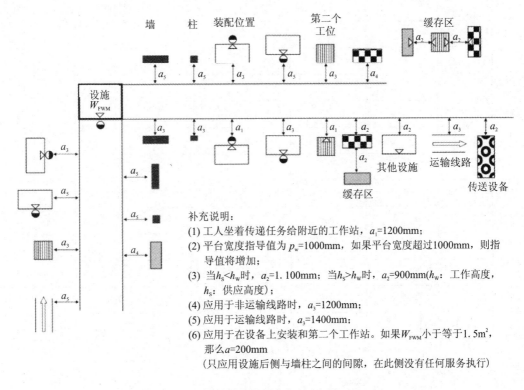

补充说明：
(1) 工人坐着传递任务给附近的工作站，$a_1$=1200mm；
(2) 平台宽度指导值为 $p_w$=1000mm，如果平台宽度超过1000mm，则指导值将增加；
(3) 当 $h_s<h_w$ 时，$a_2$=1.100mm；当 $h_s>h_w$ 时，$a_2$=900mm（$h_w$: 工作高度，$h_s$: 供应高度）；
(4) 应用于非运输线路时，$a_3$=1200mm；
(5) 应用于运输线路时，$a_3$=1400mm；
(6) 应用于在设备上安装和第二个工作站。如果 $W_{FWM}$ 小于等于1.5 m²，那么 $a$=200mm
（只应用设备后侧与墙柱之间的间隙，在此侧没有任何服务执行）

图 8 - 12　装配工作站的建议最小间隙（来源：Woithe，1965）

生产结构的尺寸与工作站的设计密切相关。围绕工作站必须提供不少于 $1.5\,m^2$ 的活动空间,任何时候宽度不得小于 $1.00\,m$。如果无法满足这个要求,则必须在附近提供相同尺寸的区域。装配工作站的建议最小间隙见表 8-5。

**表 8-5　装配工作站的建议最小间隙(来源:Woithe, 1965)**

| 确定公差的变量 | 边界线之间的工人数量 | 间隙测度的影响因素 | | | | | | | | | | | 参考值/mm |
|---|---|---|---|---|---|---|---|---|---|---|---|---|---|
| | | 仅为服务的可接入 | 平台的使用 | 供应高度或工作高度 | 坐着 | 站着($m \le 5$ kg, $l \le 30$ cm) | 站着($m \le 30$ kg, M; $m \le 15$ kg, Wo; $l \le 190$ cm) | 站着(使用起重机) | 过道($m \le 5$ kg, $l \le 30$ cm) | 过道($m \le 30$ kg, M; $m \le 15$ kg, Wo; $l \le 190$ cm) | 过道(使用起重机) | 站着(手动运送机器) | |
| $a_1$ | 1 | | | | | $x$ | | | | | | | 1000 |
| | | | | | | | $x$ | | | | | | 1000 |
| | | | | | | | | $x$ | | | | | 1200 |
| | 2 | | | | $2x$ | | | | | | | | 1400 |
| | | | | | | $2x$ | | | | | | | 1300 |
| | | | | | | $x$ | $x$ | | | | | | 1600 |
| | | | | | | | $2x$ | | | | | | 1600 |
| | | | | | | | $x$ | $x$ | | | | | 1800 |
| | | | | | | | | $2x$ | | | | | 2100 |
| | | | | | | $x$ | | $x$ | | | | | 1800 |
| | | $x$ | | | | $x$ | | | | | | | 1900 |
| | | $x$ | | | | | $x$ | | | | | | 1900 |
| | | $x$ | | | | | | $x$ | | | | | 2200 |
| | 3 | | | | $2x$ | | | | $x$ | | | | 1900 |
| | | | | | | | $2x$ | | | $x$ | | | 2200 |
| | | | | | | | $2x$ | | | | $x$ | | 2400 |
| | | | | | | $x$ | $x$ | | $x$ | | | | 1900 |
| | | | | | | | $x$ | $x$ | | | | | 2100 |
| | | | | | | | $x$ | $x$ | | $x$ | | | 2400 |

续表

间隙测度的影响因素

| 确定公差的变量 | 边界线之间的工人数量 | 仅为服务的可接入 | 平台的使用 | 供应高度或工作高度 | 坐着 | 站着($m \leqslant 5$ kg, $l \leqslant 30$ cm) | 站着($m \leqslant 30$ kg, M; $m \leqslant 15$ kg, Wo; $l \leqslant 190$ cm) | 站着(使用起重机) | 过道($m \leqslant 5$ kg, $l \leqslant 30$ cm) | 过道($m \leqslant 30$ kg, M; $m \leqslant 15$ kg, Wo; $l \leqslant 190$ cm) | 过道(使用起重机) | 站着(手动运送机器) | 参考值/mm |
|---|---|---|---|---|---|---|---|---|---|---|---|---|---|
| $a_2$ | 1 | | | | | $x$ | | | | | | | 1000 |
| | | | | | | | $x$ | | | | | | 1100 |
| | | | | | | | | $x$ | | | | | 1200 |
| | | | | | | | | | | $x$ | | | 700 |
| | | | | | | | | | | | | $x$ | 1100 |
| | | | | $x$ | | | | | | | | | 1100 |
| | | | $x$ | | | | | | | | | | 1700 |
| | 2 | | | $x$ | | | $x$ | | | | | | 1100 |
| | | | | | | $x$ | $x$ | | | | | | 1200 |
| | | | | | | $x$ | | | | $x$ | | | 1500 |
| | | | | | | $x$ | | | | | $x$ | | 1700 |
| | | | | | | $x$ | | | | | | $x$ | 1800 |
| | | | | | | | $x$ | | $x$ | | | | 1200 |
| | | | | | | | $x$ | | | $x$ | | | 1500 |
| | | | | | | | $x$ | | | | | $x$ | 1800 |
| | | | | | | | | | $x$ | $x$ | | | 1400 |
| | | | | | | | | | $x$ | | $x$ | | 1700 |
| $a_3$ | 1 | | | $x$ | | | | | | | | | 1100 |
| | | | | | | $x$ | | | | | | | 900 |
| | 2 | | | | | | $x$ | | | | | | 1000 |
| | | | | | | | | $x$ | | | | | 1200 |
| | | | $x$ | | | | | | | | | | 1700 |
| $a_4$ | 1 | $x$ | | | | | | | | | | | 900 |
| | | | $x$ | | | | | | | | | | 900 |
| | | | | | | $x$ | | | | | | | 900 |
| | | | | | | | $x$ | | | | | | 1000 |
| | | | | | | | | $x$ | | | | | 1200 |
| $a_5$ | 1 | $x$ | | | | | | | | | | | 900 |
| | | | | | | | | | $x$ | | | | 700 |
| | | | | | | | | | | $x$ | | | 1000 |
| | | | | | | | | | | | $x$ | | 1200 |
| | | | | | | | | | | | | $x$ | 1100 |
| | 2 | | | | | | | | | | $2x$ | | | 1200 |
| | | | | | | | | | | | $x$ | $x$ | | 1300 |
| | | | | | | | | | | | $x$ | | $x$ | 1500 |

注：① $x$ 表示一个工人的影响系数值；
　　② $2x$ 表示两个工人的影响系数值；
　　③ M 表示男性，Wo 表示女性，$m$ 表示工件或工具的质量，$l$ 表示工件或工具的长度。

# 8.5 工 位 布 局

工位布局是实际布局的一部分，对装配系统来说，工位布局有其特殊的重要性，故单列一节给予阐述。工位布局的基础是人因工程学和动作经济性原则，工位规划的各个部分均应满足人因工程学的要求和动作经济性原则。工位布局的基本要求如下：

（1）工位布局应保证作业者在上肢活动所能达到的区域内完成各项操作，并应考虑下肢的舒适活动空间。

（2）应考虑动作操作的频繁程度。动作频繁程度可分为每分钟两次或两次以上的动作为很频繁，每分钟少于两次而每小时完成两次或两次以上为频繁，每小时少于两次为不频繁。

（3）应考虑操作者群体。如全部为男性或者女性时应选用不同性别的人体测量尺寸，如果是男女共同使用的工位则应考虑男性和女性人体测量尺寸的综合指标。

## 8.5.1 工位作业面布局

### 1. 水平作业面

水平作业面主要用于坐姿作业或坐/立姿作业场合，它必须位于作业者舒适的手工作业空间范围内。对于正常作业区域，作业者应能在小臂正常放置而上臂处于自然悬垂状态下舒适地操作；对于最大作业区域，作业者应能在臂部伸展状态下进行操作，且这种作业状态不宜持续很久。如图 8-13 所示为水平作业面的正常作业区域（细实线）和最大作业区域（虚线），"1"和"6"表示以肘关节为中心，前臂和手能自由到达的正常区域；"2"和"5"表示以肩关节为中心，臂和手伸直的最大区域；"3"和"4"表示正常作业范围。

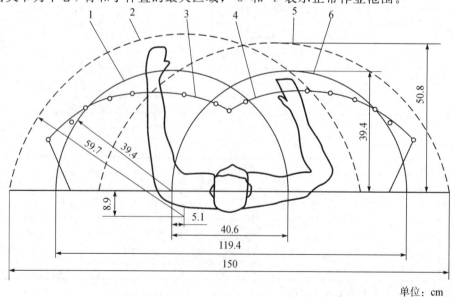

单位：cm

图 8-13 水平作业面的区域

**2. 作业面高度**

进行作业场所设计时，作业面高度是必须确定的要素之一。作业面如果太低，则作业者背部过分前屈；如果太高，则作业者必须抬高肩部，超过其松弛位置，易引起肩部和颈部不适。

作业面高度在第 2 章已有较为详细的阐述。与作业相关的尺寸，主要是坐姿工作岗位的相对高度 $H_1$、立姿工作岗位的工作高度 $H_2$ 和工作平面高度 $A$（见图 2-5 至图 2-7）。根据作业时使用视力和臂力的情况，把作业分为三类，即使用视力为主的手工精细作业（Ⅰ类）、使用臂力为主且对视力也有一般要求的作业（Ⅱ类）和兼顾视力和臂力的作业（Ⅲ类）。对于Ⅰ类作业，分别以 GB 10000 中坐姿和立姿女性、男性眼高的第 5 和第 95 百分位数为参照，并考虑到姿势修正量和经验，确定坐姿工作岗位的相对高度 $H_1$ 和立姿工作岗位的工作高度 $H_2$。对于Ⅱ类作业，分别以 GB 10000 中坐姿和立姿女性、男性肘高的第 5 和第 95 百分位数为参照，结合经验，确定坐姿工作岗位的相对高度 $H_1$ 和立姿工作岗位的工作高度 $H_2$。对于Ⅲ类作业，以Ⅰ、Ⅱ两类相应的高度平均值分别确定坐姿、立姿工作岗位的女性、男性的第 5 和第 95 百分位数的相对高度 $H_1$ 和工作高度 $H_2$（见表 8-6）。

表 8-6 工位的工作高度（来源：GB/T 14776—93） mm

| 类别 | 举 例 | 坐姿工作岗位相对高度 $H_1$ | | | | 立姿工作岗位工作高度 $H_2$ | | | |
| --- | --- | --- | --- | --- | --- | --- | --- | --- | --- |
| | | P5 | | P95 | | P5 | | P95 | |
| | | 女 | 男 | 女 | 男 | 女 | 男 | 女 | 男 |
| Ⅰ | 调整作业 检验工作 精密元件装配 | 400 | 450 | 500 | 550 | 1050 | 1150 | 1200 | 1300 |
| Ⅱ | 分检作业 包装作业 体力消耗大的重大工件组装 | 250 | | 350 | | 850 | 950 | 1000 | 1050 |
| Ⅲ | 布线作业 体力消耗小的小零件组装 | 300 | 350 | 400 | 450 | 950 | 1050 | 1100 | 1200 |

工作平面高度 $A$ 的最小限值确定：对于坐姿工作岗位（见图 2-5），$A \geqslant H_1 - C + S$ 或 $A \geqslant H_1 - C + U + F$；对于立姿工作岗位（见图 2-6），$A \geqslant H_2 - C$。座位面高度 $S$ 的调整范围：$S_{95\%} - S_{5\%} = H_{1(5\%)} - H_{1(95\%)}$。脚支撑高度 $F$ 的调整范围：$F_{5\%} - F_{95\%} = S_{5\%} - S_{95\%} + U_{95\%} - U_{5\%}$ 或 $F_{5\%} - F_{95\%} = H_{1(95\%)} - H_{1(5\%)} + U_{95\%} - U_{5\%}$。

大腿空间高度 $Z$ 和小腿空间高度 $U$ 的最小限值见表 8-7。

表 8-7 大腿空间高度 $Z$ 和小腿空间高度 $U$（来源：GB/T 14776—93） mm

| 尺寸符号 | $P_5$ | | $P_{95}$ | |
| --- | --- | --- | --- | --- |
| | 女性 | 男性 | 女性 | 男性 |
| $Z$ | 135 | 135 | 175 | 175 |
| $U$ | 375 | 415 | 435 | 480 |

其他与作业类型无关的尺寸参考值见表 8 - 8。

**表 8 - 8　与作业类型无关的工位尺寸(来源：GB/T 14776—93)**　　　　mm

| 尺寸符号 | 坐姿工作岗位 | 立姿工作岗位 | 坐立姿工作岗位 |
|---|---|---|---|
| $D$ | ≥1000 | | |
| $W$ | ≥1000 | | |
| $T_1$ | ≥330 | ≥80 | ≥330 |
| $T_2$ | ≥530 | ≥150 | ≥530 |
| $G$ | ≤340 | — | ≤340 |
| $I$ | — | ≥120 | — |
| $B$ | ≥480 | — | 480≤$A$≤800 |
| | | | 700≤$A$≤800 |

百分位数是人体测量学中的一个重要概念，表示与某个身体尺寸有关的总人口中，该身体尺寸小于给定值的人口所占的比例。例：男性身高第 95 百分位数(P95)为 1775 mm，即表示男性总人口中有 5％的人身高高于 1775 mm，而有 95％身高低于 1775 mm。在实际设计中，我国都制定了具体的标准，主要相关标准有《中国成年人人体尺寸(GB 10000—88)》《工作空间人体尺寸(GB/T 13547—1992)》和《在产品设计中应用人体尺寸百分位数的通则(GB/T 12985—1991)》等。

## 8.5.2　控制台及座椅规划

### 1. 控制台规划

由于工作岗位不同，工作台种类繁多。在装配系统化中，常将有关的显示器、控制器等器件集中布置在工作台上，操作者可方便且快速地监控装配过程。具有这一功能的工作台称为控制台。对于自动化装配线，控制台即包含显示器和控制器的作业单元，它小至一台便携式打字机，大可达一个房间。这里仅介绍一般常用控制台的设计。常见的控制台包括桌式控制台、直柜式控制台、组合式控制台和弯折式控制台四种(见图 8 - 14)。桌式控制台(见图 8 - 14(a))的结构简单、台面小巧、视野开阔、光线充足、操作方便，适用于显示、控制器数量较少的控制。直柜式控制台(见图 8 - 14(b))的其结构简单、台面较大、视野效果较好，适用于显示、控制器件数、控制器件数量较多的控制，多用于无需长时间连续监控的控制系统。组合式控制台(见图 8 - 14(c))的组合方式千变万化，有台和台、台和箱、柜和柜等组合方式，具体视其功能要求而定。与桌式控制台相比，虽然其结构较复杂，但它除了布置显示、控制器件外，还可将有关的电器原配件放置在箱柜中，是一种特殊的控制台。弯折式控制台(见图 8 - 14(d))与弧形控制台属于一种形式，其结构复杂，适用于显示、控制器件数量很多的控制，一般多用于需长时间连续监控的控制系统，与直柜式控制台的控制台相比，具有监视观察视野佳、控制操作舒适方便等特点。

控制台布局规划中最关键的是必须将控制器与显示器布置在作业者正常的作业空间范围内。这样可以保证作业者能很好地观察显示器，操作所有的控制器，以及为长时间作业提供舒适的作业姿势。有时在操作者的前侧上方也设有控制台的作业区，所有这些区域都

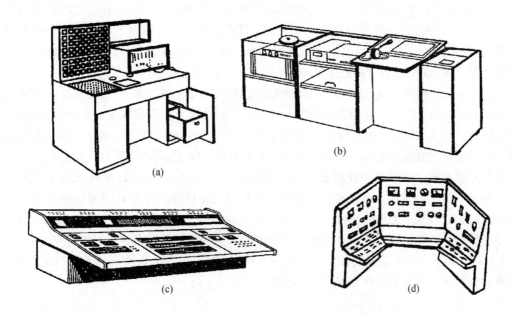

图 8 - 14　控制台的形式

必须在可视可及区内。因此，控制台设计的主要工作是客观地掌握人体尺度。下面介绍几种常用的控制台。

（1）坐姿低台式控制台。当操作者坐着监视其前方固定的或移动的目标对象，且又必须根据对象的变化观察显示器和操作控制器时，则满足此功能要求的控制台应按图 8 - 15 所示进行设计。首先，控制台的高度应降到坐姿人体水平视线以下，以保证操作者的视线能达到控制台前方；其次，应把所需的显示器、控制器设置在斜度为 20°的面板上。

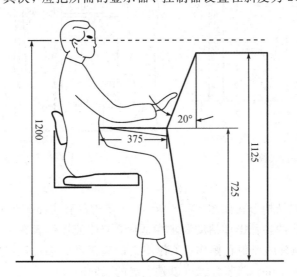

图 8 - 15　低台式控制台

（2）坐姿高台式控制台。当操作者以坐姿进行操作，且显示器数量又较多时，应该设计成高台式控制台。与低台式控制台相比，其最大特点是显示器和控制器分区域配置，如

图 8-16 所示。首先，在操作者水平视线以上 10°至水平视线以下 30°的范围内设置斜度为 10°的面板，在该面板上配置最重要的显示器；其次，在水平视线以上 10°～45°范围内设置斜度为 20°的面板，这一面板上应设置次要的显示器；另外，在水平视线以下 30°～50°范围内设置斜度为 35°的面板，其上布置各种控制器；最后确定控制台其他尺寸。

（3）坐立姿两用控制台。操作者按照规定的操作内容，有时需要坐着有时又需要立着进行操作时，则规划成坐立姿两用控制台。此类控制台除了能满足规定操作内容的要求外，还可以调节操作者单调的操作姿势，有助于延缓人体疲劳和提高工作效率。坐立姿两用控制台面板应配置在操作者水平视线以上 10°至水平视线以下 45°的区域内其设置斜度为 60°，其上配置最重要的显示器和控制器；水平视线向上 10°～30°区域内设置斜度为 10°的面板，其上布置次要的显示器；最后确定控制台其余尺寸。规划时应注意必须兼顾两种操作姿势的舒适性和方便性。由于控制台的总体高度是以操作者的立姿人体尺度为依据的，因而当坐姿操作时，应在控制台下方设有脚踏板以满足较高坐姿操作的要求。

（4）立姿控制台。其配置类似于坐立姿两用控制台，但控制台的下部不设容腿空间、座面高和脚踏板，故下部仅设容脚空间（见图 8-17）。

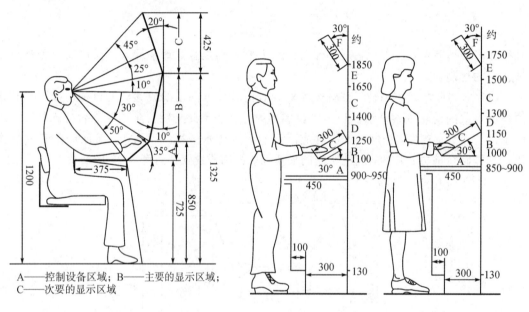

A——控制设备区域；B——主要的显示区域；
C——次要的显示区域

图 8-16　高台式控制台　　　　　　　　　图 8-17　立姿控制台

### 2. 工作座椅

工作座椅的一般结构形式如图 8-18 所示，主要构件有座面、腰靠和支架。其结构形式应尽可能与坐姿工作的各种操作活动要求相适应，应能使操作者在工作过程中保持身体舒适、稳定并能进行准确的控制和操作。工作座椅的座高和腰靠高度必须是可调节的，座高调节范围为 360～480 mm，调节方式可以是无级的或间隔 20 mm 为一挡的有级调节，腰靠高度的调节方式为 165～210 mm 间的无级调节。

图 8-18 中所标注的座椅参数可依据中国成年人人体尺寸确定具体数值（见表 8-9），该表已经考虑了操作者穿鞋和着冬装的因素。

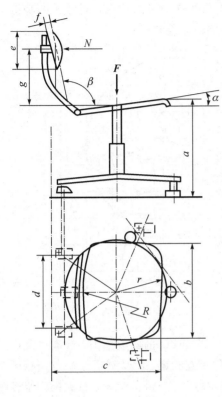

图 8-18 一般工作座椅结构形式

**表 8-9 工作座椅的主要参数**

| 参数 | 符号 | 数值 | 测量要点 |
|------|------|------|----------|
| 座高 | a | 360~480 | 在座面上压以质量为 60 kg、直径为 350 mm 的半球状重物进行测量 |
| 座宽 | b | 370~420 | 在座椅转动轴与座面交点处或座面深度方向为二分之一处进行测量 |
| 座深 | c | 360~390 | 在腰靠高 g=210 mm 处进行测量,测量时为非受力状态 |
| 腰靠长 | d | 320~340 | |
| 腰靠宽 | e | 200~300 | |
| 腰靠厚 | f | 35~50 | 腰靠上通过直径为 400 mm 的半球状物,并施以 250 N 的力进行测量 |
| 腰靠高 | g | 165~210 | |
| 腰靠圆弧半径 | R | 400~700 | |
| 倾覆半径 | r | 195 | |
| 座面倾角 | α | 0°~5° | |
| 腰靠倾角 | β | 95°~115° | |

## 8.5.3 作业空间布局规划

作业空间是指操作者在作业活动中所需的生理空间、心理空间和机器、设备、工装工具、被加工对象所占据的空间总和。生产工艺和工艺类型决定着工位以及工位间的时空关系,从合理组织生产过程角度来讲,进行工位以及工位间的时空关系的优化设计,所考虑的因素是提高经济效益。以下是作业空间布局规划中必须考虑的五个方面的因素。在作业特点方面,性质和内容不同的工作,对作业空间的要求不同;在人体尺寸方面,在很多工作中,作业空间的规划需要参照人体尺寸数据;在个体因素方面,作业空间要考虑作业者的性别、年龄、人种、体型等因素;在工作姿势方面,坐姿、站姿、坐/站姿对作业空间的要求不同;在维修活动方面,必须考虑维修活动对作业空间的需求。GB/T16251—2008《工作系统设计的人类工效学原则》给出了作业空间规划的一般性原则。

**1. 近身作业空间**

近身作业空间是指作业者操作时,四肢所及范围的静态尺寸和动态尺寸。近身作业空间的尺寸是作业空间设计与布置的主要依据。它主要受功能性臂长的约束，而臂长的功能尺寸又由作业方位及作业性质决定。此外，近身作业空间还受着装影响。

坐姿作业空间。坐姿作业通常在作业面以上进行，随作业面高度、手离身体中线的距离及手举高度的不同，其舒适的作业范围也在发生变化。若以手处于身体中线处考虑，直臂作业区域由两个因素决定：肩关节转轴高度及该转径到手心（抓握）距离（若为接触式操作，则到指尖）。如图 8-19 所示为人体坐姿抓握尺寸范围，以肩关节为圆心的直臂抓握空间半径：男性为 65 cm，女性为 58 cm。

立姿近身作业空间。立姿作业一般允许作业者自由地移动身体，但其作业空间仍需受到一定的限制。例如应避免伸臂过长的抓握、蹲身或屈曲、身体扭转及头部处于不自然的位置等。如图 8-20 所示的单臂作业的近身作业空间，以第 5 百分位的男性为基准，当物体处于地面以上 110～165 cm 的高度，且在身体中心左右

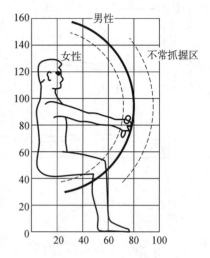

图 8-19　坐姿近身作业空间

46 cm 范围内时，大部分人可以在直立状态下达到身体前方 46 cm 的舒适范围，最大可及区弧半径为 54 cm。对于双手操作的情形，由于身体各部位相互约束，故其舒适作业空间范围有所减少，如图 8-20 所示的双臂伸展空间为身体中线左右各 15 cm 的区域，最大操作半径为臂及范围。

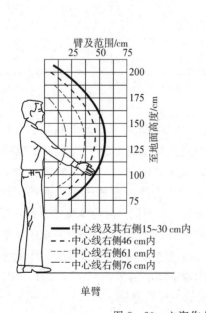

单臂

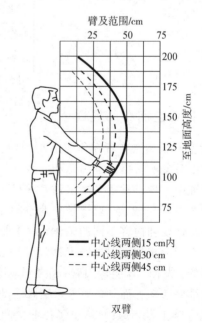

双臂

图 8-20　立姿作业空间（男性 5 百分位）

受限作业空间。作业者有时必须在限定的空间中进行作业。虽然这类作业空间大小受到限制，但在设计时，还必须使作业者能在其中进行作业。为此，应根据作业特点和人体尺

寸确定受限作业空间的最低尺寸要求。为防止受限作业空间设计过小，其尺寸应以第 95 百分位或更高百分位人体测量数值为依据，并应考虑冬季穿着厚棉衣等服装进行操作的要求。如图 8 - 21 所示为几种受限作业空间尺寸，图中代号所表示的尺寸见表 8 - 10。

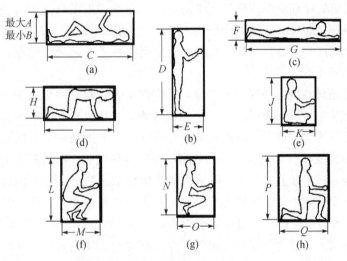

图 8 - 21 受限作业空间尺寸

**表 8 - 10 受限作业尺寸空间**

| 代　　号 | 高身材男性 | 中身材男性及高身材女性 | 代　　号 | 高身材男性 | 中身材男性及高身材女性 |
|---|---|---|---|---|---|
| A | 640 | 640 | J | 1000 | 980 |
| B | 430 | 420 | K | 690 | 690 |
| C | 1980 | 1830 | L | 1450 | 1350 |
| D | 1980 | 1830 | M | 1020 | 910 |
| E | 690 | 690 | N | 1220 | 1170 |
| F | 510 | 450 | O | 790 | 790 |
| G | 2340 | 2290 | P | 1450 | 1350 |
| H | 740 | 710 | Q | 1220 | 1120 |
| I | 1520 | 1520 | | | |

**2. 社会心理空间**

人际交往时，有一个属于心理的空间场。人际交往的距离除与个人心理有关外，还与亲密程度、性别、民族、季节和环境条件等有关。通常把确定心理空间的距离分为四个范围，即亲密距离、个人距离、社交距离和公共距离。亲密距离是指以最小距离相互接近，以示亲密无间，如夫妇、双亲、子女、挚友等相互距离可保持在 35 cm 内。个人距离是对于联系较多的亲密朋友，关系比较亲密，但并非亲密无间，其距离在 35～120 cm 内。社交距离是指熟人相遇、同事或公事交往等，彼此间进行交谈、办理公务时，相互距离在 120～300 cm 为宜。公共距离是指对素不相识的、与自己无直接交往关系的人，应保持一定的社会距离，一般相距 3～9 m。在上述几种人际距离中，与作业空间设计有重要关系的是社交距离。作业空间布局规划，既要考虑与物理条件相关的方面，也应考虑人的心理方面。这方面，有两个比较重要的概念，即地域性和近身空间。

地域性是指一种社会性约定俗成的行为规则，即为达到自己的目的而采取的相应方式。保护一个特定的物理空间或区域不受同类的侵犯所采取的行为即为地域性表现。地域性具有可见的界限或标志，其位置是固定不变的，而且地域的大小也不随条件而变化。在动物世界中，地域性是普遍存在的。人类生活中也存在个人地域性问题，但只在近期人们才有所意识并加以重视。

近身空间与地域性既有关联又有差异，它们都是个体对周围环境的要求和反应。但与地域性相比，近身空间是个体周围没有边界的区域，并且也没有固定大小，其大小只有在它受到侵犯的时候才表现出来。可以认为，近身空间的范围是一系列同心椭球，每一球体所包容的范围都代表可以与他人相关的程度。距离身体越近，则越深入个体私密空间；近身空间的大小与心理环境直接相关，不同场所个体感觉适宜的近身空间也发生变化。当夜晚在空旷的广场上行走时，若有别人接近，则会认为其有侵犯性意图；而在节假日拥挤的商场或地铁上，人们即使贴身而过或紧密相挨地站立，也被认为是很平常的事情。因此，前者的近身空间显然大于后者。近身空间的形状为椭球形。试验表明，当有人从正面接近某个物体时，在较远距离处该个体即会感到不安；而如从其后接近，在该个体已感知的情况下，感到受侵犯的距离稍短些；从侧面接近时，该个体感到不安的距离更小。因此，人们对自己身体正面近身空间的要求较大，侧面的空间要求较小。根据上述内容，在进行器具设备、作业场所、公共场所规划时，必须考虑人的心理距离要求。

**3. 作业空间的布局**

作业空间的布局是指在限定的作业空间内设定合适的作业面后，显示器与控制器（或其他作业设备、元件）的定位与安排。作业空间或设施的规划对人的行为、舒适感与心理满足感有相当大的影响，而其设计的重要方面之一就是各组成元素在人们使用的空间或设施中的布置问题。这里只讨论在个体作业场所内显示器与控制器的布置。

任何元件都有其最佳的布置位置，这取决于人的感受特性、人体测量学与生物力学特性及作业的性质。对于一个作业场所而言，因为显示器与控制器众多，所以不可能使每个元件都处于本身理想的位置。这时，就必须依据一定的原则来安排。从人机系统的整体来考虑，最重要的是要保证方便、准确的操作，据此可确定作业场所布置的总体原则。

（1）重要性原则。首先要考虑操作上的重要性，最优先考虑的是实现系统作业的目标到其他性能最为重要的元件。一个元件是否重要往往由它的作用来确定。有些元件可能不频繁使用，但却是至关重要的，如紧急控制器，一旦使用，就必须保证迅速且准确。

（2）使用频率原则。显示器与控制器应按使用的频率优先排列。经常使用的元件应置于作业者易见易及的位置，如压力机的动作开关。

（3）功能原则。在系统作业中，应按功能性相关关系对显示器、控制器进行适当的编组排列，如温度显示器与温度控制器应编组排列，配电指示与电源开关应处于同一位置。

（4）使用顺序原则。在设备操作中，为完成某动作或达到某一目标，常按顺序使用显示器与控制器。这时，元件应按使用顺序排列布置，以使作业方便、高效。例如，打开电源、启动机床、看变速标牌、变换转速等。

在进行系统各元件布置时，不可能只遵循一种原则。通常，重要性原则和使用频率原则要用于作业场所内元件的区域定位阶段，而功能原则和使用顺序原则侧重于某一区域内各元件的布置。采用何种原则进行布置，往往由理性判断来决定，没有很多经验可供借鉴。在上述四种原则都可使用的情况下，有研究表明，按使用顺序原则布置元件，其执行时间最短。上述布置原则从空间位置上讨论了作业场所的布置问题。对于包含显示与控制的个体作业空间，还可以从主显示器、与主显示器相关的主控制器、控制与显示的关联、顺序使用的元件、使用频繁情况、与本系统或其他系统的布局一致性的时间顺序上考虑布置的问题。

### 8.5.4 工位器具规划

GB/T 4863—1985(2008)《机械制造工艺基本术语》定义工位器具为"在工作地或仓库中用于存放生产对象或工具用的各种装置"。在本书中，工位器具是指装配过程中用于盛装或(和)运送材料、毛坯、半或品、成品及各种零部件的辅助性用具。

工位器具按其用途可分为通用和专用两种。通用的工位器具一般适于单件小批生产，专用的工位器具一般适于成批生产。工位器具按结构形式可分为箱式、托板式、盘式、筐式、吊挂式、架式和柜式等。一般地，原材料、毛坯等不需隔离放置的工件可选用箱式或架式工位器具，大型零部件等可选用托盘式工位器具，小工件、标准件等可选用盘式工位器具，需要酸洗、清洗、电镀或热处理的工件可选用筐式工位器具，细长的轴类工件可选用吊挂式、架式工位器具，贵重及精密件如工具、量具可选用柜式工位器具。图 8-22 给出了几种常用的托盘形式。

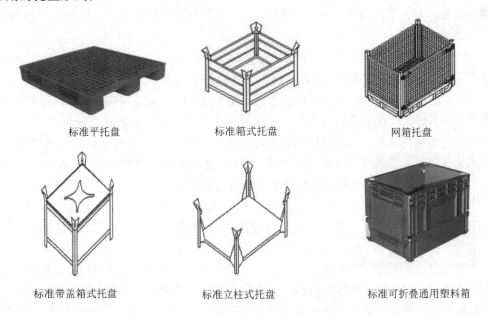

标准平托盘      标准箱式托盘      网箱托盘

标准带盖箱式托盘      标准立柱式托盘      标准可折叠通用塑料箱

图 8-22 几种常用的托盘

在规划工位器具时，① 应考虑工件存放条件、使用的工序和存放数量、需防护部位及使用过程残屑和残液的收集处理等,并要求利用周转运输和现场定置管理;② 应使工件摆放条理有序,并保证工件处于自身最小变形状态,在易发生磕、砸、划伤等的部位应采用加垫等保护措施;③ 应便于统计工件数量;④ 要减少物料搬运及拿取工件的次数,一次移动工件数量要多,但同时应对人体负荷、操作频率和作业现场条件加以综合考虑;⑤ 依靠人力搬运的工位器具应有适当的把手和手持部位;⑥ 质量大于 25 kg 或不便用人力搬运的工位器具应有供起重的吊耳、吊钩等辅助装置;需用叉车起重的工位器具应在其底部留有适当的插入空间,起吊装置应有足够的强度并使其对称于重心分布,以便起重时按正常速度运输不致发生倾覆事故;⑦ 为保证拿取工件方便并有效地节省容器空间,应按拿取工件时手、臂、指等身体部位活动范围的大小确定;⑧ 工位器具的尺寸设计要考虑手工作业时人的生理和心理特征,留出最小人手空间范围;⑨ 需要身体贴近进行作业的工位器具应在其底部留有适当的放脚空间;⑩ 工位器具不得有妨碍作业的尖角、毛刺、锐边、凸起等,需堆码放置时,上面应有定位装置以防滑落,带抽屉的工位器具在抽屉拉出的一定行程位置应设有防滑脱的安全保险装置。

在使用和布置工位器具时,放置的场所、方向和位置一般应相对固定,方便拿取,避免因寻找而产生行走、弯腰等多余动作;放置的高度应与设备等工作面高度相协调,必要时应设有自动调节升降高度的装置,以保持适当的工作面高度;堆码高度应考虑人的生理特性、现场条件、稳定性和安全;带抽屉的工位器具应根据拉出的状态,在其两侧或正面留出手指、手掌和身体的活动距离;为便于使用和管理,应按技术特征用文字、符号或颜色进行编码或标示,以利于识别;编码或标示应清晰鲜明,位置要醒目,同类工位器具标示应一致。

在整个规划过程中要贯穿"小、巧、轻、美"的理念作为指导思想。

"小":符合工作现场的实际情况,其要求是尺寸尽可能小,装的数量尽可能少,用增加配送次数来换取宝贵的空间资源。对我们来说,也有利于现场管理,利于搬运、取用及保持现场的整洁美观。

"巧":主要是结构要灵巧,避免笨重感。要巧妙地利用工位器具的空间,在占用空间不变的情况下,尽可能多装零件。同时,还要考虑现场工人操作方便,省时省力。

"轻":应该是规划的重点,在保证稳定的前提下,尽可能采用钢管、钢网来替代角钢、槽钢等材料,目前大量采用的可折叠钢筋骨架工位器具将成为未来的趋势。

"美":规划构型各尺寸的比例不仅要考虑零件尺寸,且要以黄金分割为重要参考。工位器具的整体结构要考虑工作现场的美观,同时,还要充分考虑易清洁、易维护,尽可能避免突出的、尖角的结构,以免造成现场操作人员的划伤等。

# 8.6　小　　结

布局规划是装配系统规划的重要内容。由于市场的不确定性和波动性,因此在装配系统生命周期中,布局的频率越来越高,周期越来越短。考虑装配系统布局适应的产品种类和产量的变化,装配系统布局规划又可以分为静态布局规划、可重构布局规划、鲁棒性布局规划和动态布局规划,读者可以进一步阅读相关文献资料。

# 习　　题

1. 什么是装配系统布局规划？布局规划有哪三种类型？

2. 大致布局规划和实际布局规划各自包括的内容有哪些？

3. 工位布局有何基本要求？

4. 互换 2 和 4(见图 8－23)，其他设施固定不动。

5. 如果从 A 到 B 的流为 4，从 A 到 C 的流为 3，从 B 到 C 的流为 9，所有单位流量的费用为 1，则这个布局的费用是多少(见图 8－24)？

| | | | | |
|---|---|---|---|---|
| 5 | 5 | 5 | 6 | 6 |
| 5 | 5 | 5 | 6 | 6 |
| 5 | 5 | 5 | 6 | 4 |
| 5 | 5 | 5 | 4 | 4 |
| 2 | 2 | 2 | 2 | 2 |
| 1 | 1 | 2 | 3 | 3 |
| 1 | 1 | 2 | 3 | 3 |

图 8－23　习题 4 图

| | | | | | |
|---|---|---|---|---|---|
| C | C | C | C | C | C |
| C | B | B | B | B | C |
| C | B | A | A | B | C |
| C | B | B | B | B | C |
| C | C | C | C | C | C |

图 8－24　习题 5 图

6. CRAFT 在设施交换的时候，并不是真正的交换设施，而是只交换设施的中心。

(1) 如果所有部门规模相同，则这种方法的影响是什么？

(2) 给定如图 8－25 所示的数据(每个正方形是 1×1)，设施 B 和设施 C 显示的评估结果是什么，而实际的结果是什么？

| From \ To | A | B | C |
|---|---|---|---|
| A | x | 10 | 6 |
| B | 2 | x | 7 |
| C | 0 | 0 | x |

| | | | | | | | |
|---|---|---|---|---|---|---|---|
| A | A | A | C | B | B | B | B |
| A | A | A | C | B | B | B | B |
| A | A | A | C | B | B | B | B |

图 8－25　习题 6 图

7. 假设如图 8-26 所示的活动关系图和布局图(每个网格是一个单元面积)。

|  | 1 | 2 | 3 | 4 | 5 |
|---|---|---|---|---|---|
| 1 | - | A | U | E | U |
| 2 |  | - | U | U | I |
| 3 |  |  | - | U | X |
| 4 |  |  |  | - | A |
| 5 |  |  |  |  | - |

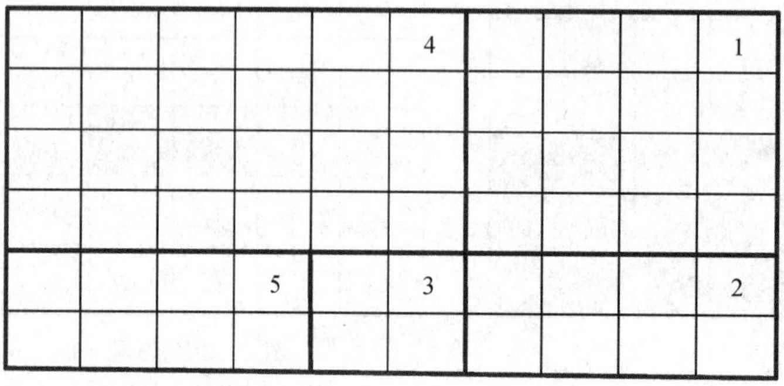

图 8-26　习题 7 图

(1) 计算设施之间的有效比率。

(2) 计算关系-距离值。

8. 布局如图 8-27(a)、(b)、(c)所示,请填写表 8-11。

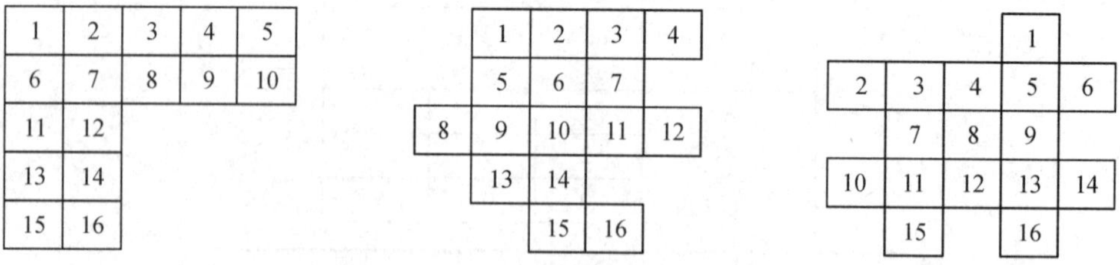

(a)

(b)

(c)

图 8-27　习题 8 图

**表 8-11　习题 8 表**

| $i$ | $P_i$ | $A_i$ | $\Omega$ | $P_i / \sqrt{A_i}$ |
|---|---|---|---|---|
| 1 |  |  |  |  |
| 2 |  |  |  |  |
| 3 |  |  |  |  |

# 第 9 章 柔性装配系统实施

　　装配系统的实施包括了合同签订、实现、启动、运营、拆卸和再利用等活动,时间跨度大。为了实现规划好的装配系统,需对规划中确定的每一项要求和技术指标与每个单独的生产设施设备/系统供应商签订有约束力的订单和协议,同时需要严格控制技术规范和成本。实施过程必须与装配系统提供商进行详细和整体的管理。图 9-1 展示了装配系统的实施流程,该过程是一个反复循环、不断提升的闭环过程执行。本章具体讲解合同阶段、实现阶段和试运行三个阶段。另外三个阶段,涉及生产计划与控制等其他课程,不再进行阐述。

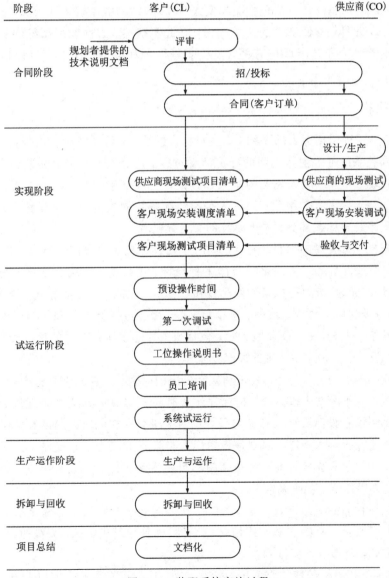

图 9-1　装配系统实施过程

# 9.1　合 同 阶 段

合同阶段的主要输入文档是规划阶段提交的技术说明书,主要过程步骤包括投资评估、招投标和合同签订。

## 9.1.1　投资评估和审核

虽然在项目规划中进行了各种评估和选择性盈利能力评估,但在合同阶段,对系统整体性的盈利能力进行投资评估仍然是必要的。静态评估方法、动态评估方法以及租-购投资评估方法是主要的评估方法。静态评估方法包括成本比较法、回报率核算方法、利润率法、投资回收期法等,动态评估方法包括净现值法、内部收益率法、资本回收法等。这些方法的具体内容,可以查阅工程经济学的相关知识,在此不赘述。柔性装配系统的实施与建筑法规、安全、环境保护和健康保护有关,需要获得许可和批准,这是项目评估和审核的一部分。

## 9.1.2　招投标

招投标,是一种因招标人的要约,引发投标人的承诺,经过招标人的择优选定,最终形成协议和合同关系的平等主体之间的经济活动过程。招标人,也叫招标采购人,是采用招标方式进行货物、工程或服务采购的法人和其他社会经济组织。投标人是指响应招标、参加投标竞争的法人或者其他组织。招标人是指装配系统的投资者、经营者或者操作者,投标人是指装配系统整体或部分设施、系统的可能提供者。

招标方与投标方交易的项目统称为"标的"。招投标交易的项目分类为工程类、货物类、服务类。工程类项目"标的"指的是项目的工程设计、土建施工、成套设备、安装调试等内容。货物类项目"标的"指的是拟采购商品规格、型号、性能、质量要求等。服务类项目"标的"指的是服务要保障的内容、范围、质量要求等。服务包括除工程和货物以外的各类社会服务、金融服务、科技服务、商业服务等,包括与工程建设项目有关的投融资、项目前期评估咨询、勘察设计、工程监理、项目管理服务等。

招投标应当遵循公开、公平、公正和诚实信用的原则。公开原则是指招标项目的要求、投标人资格条件、评标方法和标准、招标程序和时间安排等信息应当按规定公开透明;公平原则是指每个潜在投标人都享有参与平等竞争的机会和权利,不得设置任何条件歧视排斥或偏袒保护潜在投标人;公正原则是指招标人与投标人应当公正交易,且招标人对每个投标人应当公正评价;诚实信用原则是指招标投标活动主体应当遵纪守法、诚实善意、恪守信用,严禁弄虚作假、言而无信。

招投标是一种商品交易方式,是市场经济发展的必然产物。与传统交易活动中采用供求双方"一对一"直接交易的交易方式相比,招标投标是相对成熟的、高级的、有组织的、规范化的交易方式,具有以下特征:

(1) 竞争性。招投标的核心是竞争,按规定每一次招标必须有三家以上投标,这就形成了投标者之间的竞争，他们以各自的实力、信誉、服务、质量、报价等优势，战胜其他的投标者。竞争是市场经济的本质要求，也是招标投标的根本特性。

（2）程序性。招标投标活动必须遵循严密规范的法律程序。《中华人民共和国招标投标法》及相关法律政策，对招标人从确定招标采购范围、招标方式、招标组织形式直至选择中标人并签订合同的招标投标全过程每一环节的时间、顺序都有严格、规范的限定，不能随意改变。任何违反法律程序的招标投标行为，都可能侵害其他当事人的权益，必须承担相应的法律后果。

（3）规范性。《中华人民共和国招标投标法》及相关法律政策，对招标投标各个环节的工作条件、内容、范围、形式、标准以及参与主体的资格、行为和责任都做出了严格的规定。

（4）一次性。投标要约和中标承诺只有一次机会，且密封投标，双方不得在招标投标过程中就实质性内容进行协商谈判，讨价还价，这也是与询价采购、谈判采购以及拍卖竞价的主要区别。

（5）技术经济性。招标采购或出售标的都具有不同程度的技术性，包括标的使用功能和技术标准、建造、生产和服务过程的技术及管理要求等；招标投标的经济性则体现在中标价格是招标人预期投资目标和投标人竞争期望值的综合平衡。

### 1. 招投标的方式及组织形式

1）招标的方式

按照竞争开放程度，招标分为公开招标和邀请招标两种方式。招标项目应依据法律规定条件、项目的规模、技术、管理特点要求、投标人的选择空间以及实施的急迫程度等因素选择合适的招标方式。

公开招标属于非限制性竞争招标，是招标人以招标公告的方式邀请不特定的符合公开招标资格条件的法人或其他组织参加投标，按照法律程序和招标文件公开的评标方法、标准选择中标人的招标方式。这是一种充分体现招标信息公开性、招标程序规范性、投标竞争公平性，大大降低串标、抬标和其他不正当交易的可能性，最符合招标投标优胜劣汰和"三公"原则的招标方式，也是常用的采购方式。依法必须招标项目采用公开招标应当按照《中华人民共和国招标投标法》规定，在指定的媒体发布招标公告。

邀请招标属于有限竞争性招标，也称选择性招标。招标人向已经基本了解或通过征询意向的潜在投标人，经过资格审查后，以投标邀请书的方式直接邀请符合资格条件的特定的法人或其他组织参加投标，按照法律程序和招标文件规定的评标方法、标准选择中标人的招标方式。邀请招标不必发布招标公告或招标资格预审文件，但应该组织必要的资格审查，且投标人不应少于 3 个。由于邀请招标选择投标人的范围和投标人竞争的空间有限，因此可能会丢失理想的中标人，达不到预期的竞争效果及其中标价格。邀请招标适用于因涉及国家安全、国家秘密、商业机密、施工工期或货物供应周期紧迫、受自然地域环境限制只有少量几家潜在投标人可供选择等条件限制而无法公开招标的项目；或者受项目技术复杂和特殊要求限制，且事先已经明确知道只有少数特定的潜在投标人可以响应投标的项目；或者招标项目较小，采用公开招标方式的招标费用占招标项目价值比例过大的项目。

公开招标的优点是可以最大限度地为一切有能力的投标人提供公平竞争的机会，招标人可以有最大可能的选择范围，是最具有竞争性的招标方式；缺点是招标程序复杂，费用高，全过程所需时间长，参加投标的投标人数越多，中标的可能性越小，投标人为了取得成功交易需承担较大的风险。邀请招标由于被邀请参加的投标竞争者有限，所以不仅可以节约招标费用，而且提高了每个投标者的中标机会。由于不用刊登招标公告，投标有效期大大缩短，对采购那些价格波动较大的商品是非常必要的，可以减低投标风险和投标价格，然而，由于邀请招标限制了充分的竞争，因此招标投标法规一般都规定，招标人应尽量采用公开招标。

2）招标的组织形式

招标的组织形式主要有自行组织招标和委托代理招标两种。

招标人具有编制招标文件和组织评标能力的，可以自行组织招标。自行组织招标虽然便于协调管理，但往往容易受招标人认识水平和法律、技术专业水平的限制而影响和制约招标采购的"三公"原则和规范性、竞争性。因此招标人如不具备自行组织招标的能力条件，则应当选择委托代理招标的组织形式。

由于招投标活动的周期一般比较长，过程也比较复杂，涉及的法律法规和政策性文件较多，因此在实际操作中，招标人或投标人往往委托专业化的公司即招投标代理机构来运作。招标人应该根据招标项目的行业和专业类型、规模标准，选择具有相应资格的招标代理机构，委托其代理招标采购业务。

招标代理机构是依法成立，具有相应招标代理资格条件，且不得与政府机关及其他管理部门存在任何经济利益关系，按照招标人委托代理的范围、权限和要求，依法提供招标代理的相关服务，并收取相应服务费用的专业化、社会化中介组织，属于企业法人。招标代理机构由于经过行政监督部门认定，相对招标人具有更专业的招标资格能力和业绩经验，并且相对独立超脱，能够以其相对专业化和信息方面的优势，为业主寻求到质量更优、价格更低、服务更好的产品与劳务的提供商，这无疑减少了业主的工作时间，提高了工作质量。因此即使招标人具有自行组织招标的能力条件，也可优先考虑选择委托代理招标。

3）一次性招标和两阶段招标

一次性招标是招标人选择一种招标方式，按照规定的招标程序，招投标双方一次性完成交易的招标形式。两阶段招标是把同一个项目分两次进行开标评标，招投标双方通过两个阶段完成交易的招标形式。两阶段招标一般适用于工程项目投资额巨大，或项目技术水平较高，或项目有复杂性特殊性要求的，它是招标人降低投资风险的重要手段。如大宗的技术性较强的采购项目，招标人选定一种招标方式后，第一阶段是从投标方案中优选技术设计方案，统一技术标准、规格和要求的技术标的招标活动；第二阶段按照统一确定的设计方案或技术标准，组织项目最终招标和投标报价，即进行商务标的招标活动。

**2. 招投标的一般程序**

按照招投标活动实施阶段划分，招投标活动一般分为以下四个阶段：

（1）招标准备阶段。招标人填写《建设工程招标申请书》，报有关部门审批；获准后组织招标班子和评标委员会；编制招标文件和标底；发布招标公告；审定投标单位；发放招标文件；组织招标会议和现场勘察；接受投标文件。为了保证潜在投标人能够公平地获取投标竞争的机会，确保投标人满足招标项目的资格条件，同时避免招标人和投标人不必要的资源浪费，招标人一般应当对投标人资格组织审查。资格审查分为资格预审和资格后审两种。资格预审是指招标人采用公开招标方式，在投标前按照有关规定程序和要求公布资格预审公告和资格预审文件，对获取资格预审文件并递交资格预审申请文件的潜在投标人进行资格审查的方法。资格预审由资格审查委员会依据资格预审文件规定的审查方法、审查因素和标准，审查投标申请人的投标资格，确定通过资格预审的申请人名单，向招标人提交书面资格审查报告，招标人在规定的时间内以书面形式将资格预审结果通知申请人，并向通过资格预审的申请人发出投标邀请书。资格后审，是指开标后由评标委员会对投标人资格进行审查的方法。采用资格后审办法的，按规定要求发布招标公告，并根据招标文件中规定的资格审查方法、因素和标准，在评标时审查投标人的资格。采用邀请招标的项目可以直接向经过资格审查、满足投标资格条件的 3 个以上潜在投标人发出投标邀请书。

（2）投标准备阶段。根据招标公告或招标单位的邀请，选择符合本单位施工能力的工程，向招标单位提交投标意向，并提供资格证明文件和资料；资格预审通过后，组织投标班子，跟踪投标项目，购买招标文件；参加招标会议和现场勘察；编制投标文件，并在规定时间内报送给招标单位。

（3）开标评标阶段。按照招标公告规定的时间、地点，招标人、投标方派代表出席开标大会，并有公证人在场的情况下，按程序要求当众开标；评标委员会对投标方进行询标、评标；投标方做好询标解答准备，接受询标质疑；等待评标决标。

（4）定标签约阶段。评标委员会提出评标意见，报送上级主管部门批准；依据定标内容向中标单位发出中标通知书；中标单位接到通知书后，在规定的期限内与招标单位签订工程项目合同。

## 9.1.3　合同签订

合同是平等主体的自然人、法人、其他组织之间设立、变更、终止民事权利义务关系的协议。广义的合同包括民事合同（债权合同和身份合同等）、行政合同和劳动合同等，狭义的合同是指除身份合同以外的所有民事合同——《合同法》中的合同。本文是指狭义的合同。合同使采购清单中的每一种物料，都与某个具体的供应商在法律上一一绑定。

起草合同时，应该考虑国内和国际条例。应考虑劳动和服务合同、工作表现、采购和服务水平协议。在起草合同时，应特别注意责任、保证和终止条款。图 9-2 显示了合同中关于供应和性能的主要标准和结果。

另外，与合同绑定的还有技术说明文档，技术说明的内容必须反映在执行项目中。对于 CO（供应商/安装工）来说，要按照合同要求，准备和提供以下设施和设备的技术文档：

（1）人员/劳动力：换班、洗漱和社交设施系统；

（2）机械设备：制造、装配设备，包括夹具、工具和检测设备、物流设备（包括辅助物流设备）；

（3）技术系统：技术建筑服务、供暖、通风、空调、照明、供应和处置设施；

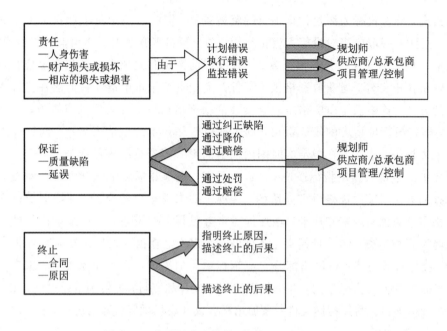

图 9 - 2　主要标准和结果(来自：Schenk，2010)

（4）操作材料：液体和气态物质的运输、分阶段、储存设备。

# 9.2　系 统 实 现

## 9.2.1　系统设计/制造

装配系统是基于技术说明和 CL 与 CO 之间的协议构建起来的。在系统构建过程中，可能会存在多个合同、多个供应者的情况，这时需要良好的沟通和协作，更需要良好的项目控制。

在装配系统按照规划阶段确定的目标和技术说明进行的过程中，由于前期工作的不确定性和实施过程中多种因素的干扰，使得项目的实施进展可能会偏离预期轨道。为此，项目管理者需要根据项目跟踪提供的信息，对比既定目标，找出偏差，分析成因，研究纠偏对策，实施纠偏措施。首先，需要有效控制项目的范围，防止"范围的蔓延"现象。所谓范围的蔓延，是指因为不断的改变使项目范围有一种随时间增加的自然倾向。范围的改变与增加反映了要求和工作定义的变化，往往造成时间和成本的增加。其次，要保证质量，保证装配系统的绩效。第三，要控制好进度，使工期的超标达到最小化。因此，在装配系统构建阶段，要定期和及时测量实际进展情况、详细准确记录进展和变化、随时监测和调整项目计划，并保证充分和及时的信息沟通。装配系统中的设施和设备的功能测试在供应商现场进行，然后拆解打包，运往客户现场，在客户现场进行安装、调试和交付。表 9 - 1 到表 9 - 5 给出了部分检查表，实际过程中可以作为参考。

### 表 9 - 1　基本信息检查表

| 问题 | 检查否 | 项　目 | 是 | 不是 |
|---|---|---|---|---|
| 这些说明考虑了<br>最终交付日期吗？ | ☐ | 邀请(the offer)的提交 | ☐ | ☐ |
| | ☐ | 订单授予 | ☐ | ☐ |
| | ☐ | 客户在供应商处的预接收 | ☐ | ☐ |
| | ☐ | 交付 | ☐ | ☐ |
| | ☐ | 调试 | ☐ | ☐ |
| | ☐ | 最终接收 | ☐ | ☐ |
| 这些说明考虑了<br>支付状态吗？ | ☐ | 支付状态是否可以接受 | ☐ | ☐ |
| 这些说明考虑了客户<br>的规则吗？ | ☐ | 设备说明/公司特定的标准/准则(请标明修订状态) | ☐ | ☐ |
| | ☐ | 保密协议(请标明修订状态) | ☐ | ☐ |
| 这些说明考虑了<br>外部规则吗？ | ☐ | 法律和准则(责任条例、劳动保护条例、劳动法) | ☐ | ☐ |
| | ☐ | 雇主责任保险协会规则(安全规则/事故预防条例) | ☐ | ☐ |
| | ☐ | 环境法规(考虑到特定的法规) | ☐ | ☐ |
| | ☐ | 标准,新技术发展水平,专利 | ☐ | ☐ |
| 有关于产品说明的<br>信息吗？ | ☐ | 包括工艺参数(力、力矩)的装配图是否可用？ | ☐ | ☐ |
| | ☐ | 部件装配图是否可用和完整(包括尺寸、公差、表面特性、机械特性、材料信息、配合) | ☐ | ☐ |
| | ☐ | 装配零件清单是否可用和完整(包括数量、材料) | ☐ | ☐ |
| | ☐ | 是否有关于提供样品零件的信息(请注明数量和截止日期) | ☐ | ☐ |

### 表 9 - 2　装配系统基本信息及绩效参数检查表

| 问题 | 检查否 | 项　目 | 是 | 不是 |
|---|---|---|---|---|
| 技术 | ☐ | 是否有足够的信息用于所需的技术/过程(主要部件,主要工作流程[装配、压入/焊接、焊接、测试等]) | ☐ | ☐ |
| 有关于绩效的数据吗 | ☐ | 主要的和次要的处理过程时间 | ☐ | ☐ |
| | ☐ | 技术有效性(个人和整体有效性) | ☐ | ☐ |
| | ☐ | 过程能力(测量稳定性和再现性)(请注明公差) | ☐ | ☐ |
| | ☐ | 输出(单元的数量/单元的时间) | ☐ | ☐ |
| | ☐ | 计划使用期(生活环境) | ☐ | ☐ |
| 有关于一般和机械设<br>计特征的信息吗？ | ☐ | 工厂安装尺寸(最大占地面积要求,房间高度) | ☐ | ☐ |
| | ☐ | 关于处理和连接系统(线性单元、圆形、机器人系统、存储等)的客户特定限制 | ☐ | ☐ |
| | ☐ | 关于喂料技术/外围(进料的组织状态:有序的、非系统的[码垛机、振动料斗输送机])的客户特定约束 | ☐ | ☐ |
| | ☐ | 由于产品变型(类型改变)/客户需求变化所需的规划灵活性 | ☐ | ☐ |
| | ☐ | 语言版本(多语言的标记、监视器和显示器、控制终端等) | ☐ | ☐ |
| | ☐ | 原材料(标准偏差) | ☐ | ☐ |
| | ☐ | 配色方案/涂料(包括表面特性,如镀锌、镀镍等) | ☐ | ☐ |

续表

| 问题 | 检查否 | 项　　目 | 是 | 不是 |
|---|---|---|---|---|
| 是否有关于公用设施连接要考虑的接口的信息？ | ☐ | 电力网(有什么特点吗？) | ☐ | ☐ |
| | ☐ | 压缩空气网络(有什么特殊性吗？) | ☐ | ☐ |
| | ☐ | 液压网络要求(请注明参数！) | ☐ | ☐ |
| | ☐ | 提取系统要求(请注明参数！) | ☐ | ☐ |
| | ☐ | 需要冷水供应(请注明参数！) | ☐ | ☐ |
| 有关于控制和电气技术(过程自动化)的信息吗？ | ☐ | 自动化程度(1. 混合自动化；2. 全自动) | ☐ | ☐ |
| | ☐ | 操作理念与显示结构 | ☐ | ☐ |
| | ☐ | 供应商供应的自动化硬件的部件清单 | ☐ | ☐ |
| | ☐ | 操作类型(包括功能) | ☐ | ☐ |
| 有关于气动和液压系统的信息吗？ | ☐ | 客户专用限制/特殊功能(液压储液器、过滤、泵、气缸、阀门、液压管等) | ☐ | ☐ |
| | ☐ | 供应商供应的气动系统零件清单 | ☐ | ☐ |
| | ☐ | 供应商供应的液动系统零件清单 | ☐ | ☐ |
| 有关于安全概念和人机工程学的信息吗？ | ☐ | 客户有关安全方面的特殊约束(危险区域和保护设备[外壳、安全关闭垫、光屏障]、紧急停止电路/按钮的集成等) | ☐ | ☐ |
| | ☐ | 可允许的噪声排放(最大的压力水平) | ☐ | ☐ |
| | ☐ | 人体工程学设计(结构尺寸) | ☐ | ☐ |

**表 9-3　信息技术和通信接口工作的范围检查表**

| 问题 | 检查否 | 项　　目 | 是 | 不是 |
|---|---|---|---|---|
| 有关于 MDA/PDA/可追溯系统的需要的信息吗？ | ☐ | 数据采集与处理(数据采集的范围、处理的功能、输出的功能、信息的文件格式等) | ☐ | ☐ |
| | ☐ | 数据管理(数据库系统、数据访问、事务和数据安全、归档) | ☐ | ☐ |
| | ☐ | 软件(系统软件和应用软件) | ☐ | ☐ |
| | ☐ | 源代码传送给客户(软件源代码) | ☐ | ☐ |
| | ☐ | 硬件(信息相关硬件的范围，考虑硬件环境的特殊特征，设备清单) | ☐ | ☐ |
| | ☐ | 通信接口(人与机器/机器和机器之间的接口[同级别或更高级别的计算机]) | ☐ | ☐ |
| | ☐ | 信息技术/数据采集系统的可用性 | ☐ | ☐ |

**表 9-4　质量保证范围检查表**

| 问题 | 检查否 | 项　　目 | 是 | 不是 |
|---|---|---|---|---|
| 有关于质量保证的信息吗？ | ☐ | 关于质量保证工作范围的特殊要求(调整、校准和主部件) | ☐ | ☐ |
| | ☐ | 质量保证措施的功能性 | ☐ | ☐ |
| | ☐ | 测量和测试过程(测试参数、测试条件、测试顺序、操作图形，包括量化) | ☐ | ☐ |
| | ☐ | 测试设备能力的证明要求(请注明公差！) | ☐ | ☐ |

表 9 - 5　文件、维护和操作范围检查表

| 问题 | 检查否 | 项　目 | 是 | 不是 |
|---|---|---|---|---|
| 有关于文档的<br>信息吗? | ☐ | 文档类型（1. 标准化；2. 客户定义的文档） | ☐ | ☐ |
| | ☐ | 文档特定属性的范围 | ☐ | ☐ |
| | ☐ | 文档的语言版本(与出口相关) | ☐ | ☐ |
| 有关于客户点安装<br>和调试的信息吗? | ☐ | 关于运输的客户特殊要求 | ☐ | ☐ |
| | ☐ | 安装的设施需求（运输方式、叉车、起重装置等） | ☐ | ☐ |
| | ☐ | 安装的状态（大门尺寸、运输路线、建筑高度等） | ☐ | ☐ |
| | ☐ | 操作状态（环境温度、最大湿度、房屋清洁要求、安装位置的振动、绝对避免腐蚀性蒸气和气体等） | ☐ | ☐ |
| 有关于培训的信息吗 | ☐ | 培训的范围（目标群体、数量和持续时间、主题的程度） | ☐ | ☐ |
| 有关于担保和服务的<br>信息吗? | ☐ | 特殊要求（服务人员/服务提供的有效期、替换零件存储等） | ☐ | ☐ |
| | ☐ | 履行质保/服务是否提供需要远程诊断或服务 | ☐ | ☐ |
| | ☐ | 设备出口是否需要额外的服务费 | ☐ | ☐ |

## 9.2.2　交付/调试

装配系统的交付(按照合同)和调试(部分和整体的)组成一个单元。在最终交付/调试之前，客户(CL)和承包商(CO)根据以下条件对项目的可行性进行检查和测试：技术、人力资源、经济、金融、监管和市场需求。为了准备实施，如图 9-3 所示的前提条件需要由 CL 和 CO 进行测试检查。

必须处理下列项目管理任务：

(1) 现有项目和子项目的状态分析(完整性、质量遵从性、盈利能力、客户接受度等)；

(2) 实施阶段的规范(如生产技术/结构)；

(3) 融资审核与确认(财务模式)；

(4) 实施计划(截止日期、里程碑)；

(5) 制定实施过程控制的组织形式(经理、团队、供应商)；

(6) 在实施计划中规定实施、试验和启动的内容和时间；

(7) 合同授予条件、投标文件内容、规定条件、受合同管制的排除条件；

(8) 在融资计划的基础上控制实施进度的融资；

(9) 规定排除故障、变更、调整和适应性的运行计划能力。

一旦所有的条件和措施检查都满意，就对安装现场进行准备和检查，详见表 9-6 和表 9-7。在客户现场安装完工厂后，按表 9-8 进行功能测试，进行装配系统验收程序。符合操作可靠性和工厂验收参数的，必须由 CL 和 CO 以带有绑定签名的验收测试记录的形式确认。培训计划、维护和变更管理服务也都是固定的。

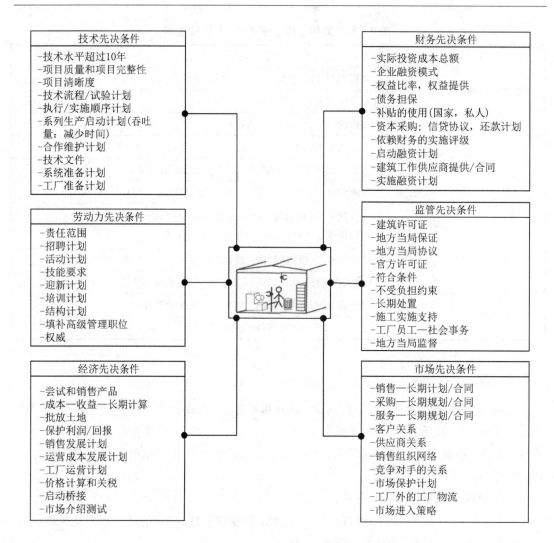

图 9 - 3　前提条件(来源：Helbing，2007)

### 表 9 - 6　安装地点的接口检查表

| 项目 | 检查否 | 子　项　目 | 不相关 | 清楚 |
|---|---|---|---|---|
| 动力供应网络 | ☐ | 电压 | ☐ | ☐ |
| | ☐ | 频率 | ☐ | ☐ |
| | ☐ | 动力 | ☐ | ☐ |
| | ☐ | 说明 | ☐ | ☐ |
| 压缩空气系统 | ☐ | 公称直径(供应和处理) | ☐ | ☐ |
| | ☐ | 空气压力 | ☐ | ☐ |
| | ☐ | 耗气量 | ☐ | ☐ |
| | ☐ | 说明 | ☐ | ☐ |

续表

| 项目 | 检查否 | 子　项　目 | 不相关 | 清楚 |
|---|---|---|---|---|
| 水力系统 | ☐ | 公称直径(供应和处理) | ☐ | ☐ |
| | ☐ | 水压 | ☐ | ☐ |
| | ☐ | 最大流速 | ☐ | ☐ |
| | ☐ | 说明 | ☐ | ☐ |
| 抽气系统 | ☐ | 公称直径(供应和处理) | ☐ | ☐ |
| | ☐ | 体积/每小时 | ☐ | ☐ |
| | ☐ | 说明 | ☐ | ☐ |
| 冷水供应 | ☐ | 公称直径(供应和处理) | ☐ | ☐ |
| | ☐ | 耗水量 | ☐ | ☐ |
| | ☐ | 温度 | ☐ | ☐ |
| | ☐ | 说明 | ☐ | ☐ |
| 通信系统 | ☐ | 与有效的运作网络集成 | ☐ | ☐ |
| | ☐ | 与数据服务器或者 ERP 系统耦合 | ☐ | ☐ |

### 表 9-7　安装调试检查表

| 项目 | 检查否 | 子　项　目 | 不相关 | 清楚 |
|---|---|---|---|---|
| 安装的辅助设施 | ☐ | 起重机 | ☐ | ☐ |
| | ☐ | 最大载荷 | ☐ | ☐ |
| | ☐ | 地面机动运输设备 | ☐ | ☐ |
| | ☐ | 最大载荷 | ☐ | ☐ |
| | ☐ | 地面手动运输设备 | ☐ | ☐ |
| | ☐ | 最大载荷 | ☐ | ☐ |
| 安装状况 | ☐ | 门的尺寸(高、宽) | ☐ | ☐ |
| | ☐ | 运输路线宽度 | ☐ | ☐ |
| | ☐ | 不可用区域(柱子、管道等)的平面布置图 | ☐ | ☐ |
| | ☐ | 装配系统的空间需求 | ☐ | ☐ |
| 操作状态 | ☐ | 环境温度 | ☐ | ☐ |
| | ☐ | 相对湿度 | ☐ | ☐ |
| | ☐ | 清洁等级 | ☐ | ☐ |
| | ☐ | 机械及控制元件局部加热的预防 | ☐ | ☐ |
| | ☐ | 绝对避免刺激性气体和蒸汽 | ☐ | ☐ |
| | ☐ | 控制电缆布线的电磁兼容性 | ☐ | ☐ |
| | ☐ | 最大的地面负荷 | ☐ | ☐ |
| | ☐ | 地板质量,防滑混凝土楼板,最大坡度 1：2000 | ☐ | ☐ |
| | ☐ | 地基方案 | ☐ | ☐ |
| | ☐ | 安装位置的防振处理 | ☐ | ☐ |

| 项目 | 检查否 | 子 项 目 | 不相关 | 清楚 |
|---|---|---|---|---|
| 测试零件的接受性 | ☐ | 到期日期 | ☐ | ☐ |
| | ☐ | 质量 | ☐ | ☐ |
| 调试人员 | ☐ | 客户人员要求(操作者,维护人员) | ☐ | ☐ |
| | ☐ | 给 CO 特殊调试活动人员安排座位可能性(如编程) | ☐ | ☐ |
| | ☐ | 文件、工具、测量设备和其他公用设施(柜)的存储可能性 | ☐ | ☐ |
| | ☐ | 考虑排放物(噪音、切屑和碎片、灰尘、蒸气)劳动保护措施 | ☐ | ☐ |
| 工厂布局与标识 | ☐ | 机器安装区域 | ☐ | ☐ |
| | ☐ | 操作区域/控制区域 | ☐ | ☐ |
| | ☐ | 维修区域 | ☐ | ☐ |
| | ☐ | 存储和辅助设施的附加区域 | ☐ | ☐ |
| | ☐ | 运输区域 | ☐ | ☐ |
| | ☐ | 供应设施的连接 | ☐ | ☐ |
| | ☐ | 有害物质(如液压油)存储区域和责任 | ☐ | ☐ |

### 表 9-8 接受功能测试检查表

| 方面 | 项 目 | 是 | 不是 | 不相关 |
|---|---|---|---|---|
| 人因工程 | 工作高度 OK(工作站,零件供应,零件存放) | ☐ | ☐ | ☐ |
| | 插入/拆卸零件无困难 | ☐ | ☐ | ☐ |
| | 手工装配没有困难 | ☐ | ☐ | ☐ |
| | 无弯腰工作 | ☐ | ☐ | ☐ |
| | 工具容易操作(螺丝、钳子) | ☐ | ☐ | ☐ |
| | 可转动部件、调节轮、活塞等的操纵无困难(足够的运动自由度) | ☐ | ☐ | ☐ |
| | 在工作前后存放部件的足够空间 | ☐ | ☐ | ☐ |
| | 足够的工作空间(站立、坐姿、手臂、腿、头) | ☐ | ☐ | ☐ |
| | 终端箱、传送带、液压单元、过滤器、磨损部件等都可足够方便地维护和维修 | ☐ | ☐ | ☐ |
| | 当装载和提升载荷超过 15 kg 时,必须有起重机 | ☐ | ☐ | ☐ |
| 积垢 | 任何积聚的污物或废物都被吸收和收集 | ☐ | ☐ | ☐ |
| | 容易清洁 | ☐ | ☐ | ☐ |
| | 防止不必要的积垢 | ☐ | ☐ | ☐ |

续表

| 方面 | 项　　目 | 是 | 不是 | 不相关 |
|------|---------|-----|------|--------|
| | 操作耗材(油脂、润滑油)的检验被监控和显示 | ☐ | ☐ | ☐ |
| | 压缩空气(太低和太高的压力报告)被监控和显示 | ☐ | ☐ | ☐ |
| | 保护区域被监控和显示 | ☐ | ☐ | ☐ |
| | 故障信号的足够可视性 | ☐ | ☐ | ☐ |
| | 具有程序拷贝的数据存储介质是监测和显示 | ☐ | ☐ | ☐ |
| | OP 功能结构，透明，可理解 | ☐ | ☐ | ☐ |
| 控制 | OP 功能的一致性 | ☐ | ☐ | ☐ |
| | 信号灯 OK | ☐ | ☐ | ☐ |
| | 所有信号灯都能同时看到(足够高) | ☐ | ☐ | ☐ |
| | 按钮的照明显示 OK | ☐ | ☐ | ☐ |
| | 照明灯管有效可用 | ☐ | ☐ | ☐ |
| | 执行 OP 的用户指南(按钮、菜单) | ☐ | ☐ | ☐ |
| | 控制电压被监控和显示 | ☐ | ☐ | ☐ |

另外，在接受测试过程中，需要对故障发生的情境进行仿真分析。例如，如果安装现场缺少装配的零部件，则将会发生什么？如果在同一个时刻同一个地方堆积了大量的装配零部件，则又会发生什么？在装配过程中存在有缺陷的零部件被装配的可能性吗？如果有，则可能性有多大，后果怎样？如何防范有缺陷零件的混合？等等问题。

# 9.3　试　运　行

试运行阶段属于装配系统的启动阶段。这个阶段的主要工作包括工作时间预设、操作指导书制订和工人培训计划。在第一次试运行中，完成这些工作。

## 1. 工作时间预设

在产品的装配工艺中，已经有了某个工序的工时(原始装配时间)，也是进行资源计算的基础。但是当工位系统制订下来后，由于要考虑物料抓取等影响，故需要对预设时间进行修订。进行时间测定的方法有秒表测时法、预定时间标准法和标准资料法等。秒表测时法需要合格工人稳定的操作，明显地，刚刚建立的装配系统不具备这个条件。标准资料法也要求企业有相关资料的积累。本文建议，在装配系统刚刚建立起来时，采用预定时间标准法比较合适。

预定时间标准法(Predetermined Time Standard，PTS)是国际公认的制订时间标准的先进技术。利用预先为各种操作所制订的时间标准来确定进行各种操作所需要的时间，而不是通过直接观察和测定来确定。PTS 的理论基础是动素分析法。吉尔布雷斯指出，以人的手部和眼部为主的动作，都可以分解成 17(18，包含眼睛时)个动素。PTS 的基本思想就是如果能够给出要素动作相对应的基准时间值，那么要确定一种作业的时间，就先确定该作业的固定方法，其次将一方法分解成基本要素动作，接着应把预先确定的时间标准应用到各要素动作上，再求出时间值，最后把这些时间值进行汇总。PTS 法具有以下优点：① 在作业测定中，不需要对操作者的速度、努力程度等进行评价，就能预先客观地确定作业的标准时间；② 可以详细记述操作方法，并得到各项基本动作时间值，从而对操作进行合理的改进；③ 可以不用秒表，在工作前就决定标准时间，并制订操作规程；④ 当作业方法变更时，必须修订作业的标准时间，但所依据的预定动作时间标准不变；⑤ 用 PTS 法平整流水线是最佳的方法。基于这一思想，提出了许多具体的 PTS 方法，在各行各业被广泛利用（见表 9-9）。

表 9-9　PTS 典型方法

| 方法名称 | 时间 | 创始人 |
|---|---|---|
| 动作时间分析（MTA） | 1924 | A. B. Segur |
| 工作因素法（WF） | 1938 | J. H. Quick/Shea/Koehler |
| 方法时间测量（MTM） | 1948 | H. B. Maynard/G. J. Stegemerten/Schwab |
| 模特法（MOD） | 1966 | G. C. Heyde |

MODAPTS（Modular Arrangement of Predetermined Time Standards）法是 PTS 中的一种方法之一。1966 年 AUSTRALIA 的 G. C. Heyde，以现有的各个动作分析技法的使用经验和人类工学为基础，摸索出分析简单、结果却不亚于详细法的技法，即 MODAPTS 技法，有时简称 MOD 法。MODAPTS 法具有易懂、易学、易记的特征（见表 9-10）。MOD 法中基本动作只有 21 种，而且动作符号与时间值融为一体，可以调整 MOD 值。

表 9-10　MODAPTS、MTM、WF 的动作和数字比较

| PTS 名称 | MODAPTS | MTM | WF |
|---|---|---|---|
| 基本动作及附加因素 | 21 种 | 37 种 | 139 种 |
| 不同的时间值数字个数 | 8 个 | 31 个 | |

MODAPTS 把手指的动弹作为一个单位，其他动作以手指动作的整数倍来表示；把使用的身体部位用 21 个记号来分类。时间单位以 MOD 表示，1 MOD＝0.129 s＝0.00215 分（经济速度时）。MOD 值可以调整，当 1MOD＝0.1 s 时，表示高效值，即熟练工人的高水平动作时间值；当 1MOD＝0.143 s 时，包括疲劳恢复时间的 10.7% 在内的动作时间；当 1MOD＝0.12 s 时，表示快速值，比正常值快 7% 左右。在 MODAPTS 中，记号和时间值是一致的，方便用于作业改善活动、动作分析及计算标准时间（ST）。

MODAPTS 的时间值根据身体部位表现出动作时间的差异，它分为移动动作、结束动作、结合动作（其他动作），是以 21 个动作和 8 个时间值构成的（见图 9-4），还包括三个补充符号（见表 9-11）。图 9-4 中的移动动作，可以结合工位水平工作面的优化布局进行分

析。其他符号的含义，以及分析的具体办法，本书不做深入阐述，读者可以参阅基础工业工程的相关知识。

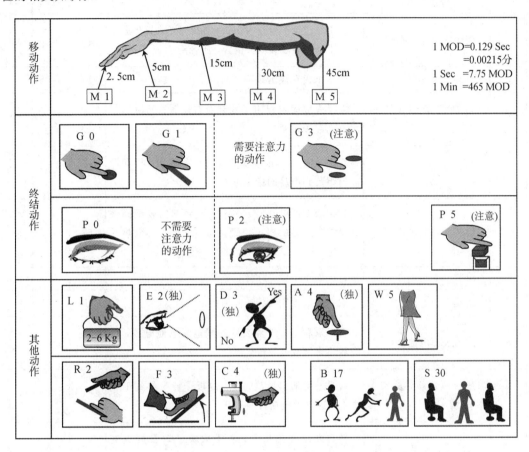

图 9 - 4　MODAPTS 符号图

### 表 9 - 11　补充符号

| 名称 | 符号 | 内　　容 |
|---|---|---|
| 延时 | BD | 另一只手动作时，这只手处于停止的状态，不给予时间 |
| 持住 | H | 用手拿着或抓着物体一直不动的状态，主要指扶持与固定的动作，不给时间 |
| 有效时间 | UT | 指人的动作以外，机械或其他工艺要求发生的、非动作产生的固有附加时间，需要准确测时 |

　　应用 MODAPTS 方法制订装配系统各工位的预设时间的基本步骤：工位操作分解成操作单元→各单元进行 MOD 分析，计算 MOD 值→ 确定宽放系数→确定操作单元的预设时间→累计确定工位的预设时间。表 9 - 12 描述了实际工厂中一个工位的标准操作单元、动作描述和标准时间。表 9 - 13 描述了表 9 - 12 中第一个标注操作单元的 MOD 分析过程。

表 9－12　某工位的标准单元、动作描述和预设时间

| 序号 | 标准单元 | 动作过程具体描述 | MOD | 宽放 | ST |
|---|---|---|---|---|---|
| 1 | 用手啤机压 1 颗螺母 | PCBA 已置于治具内；拿一颗螺母，将螺母放于孔位上，调整对准压头位置，压合到位 | 49 | 1.05 | 6.6 |
| 2 | 组装 1 个内存块 | 取 1 个内存块组装到产品的指定位置 | 19 | 1.05 | 2.6 |
| 3 | 电动起子锁 1 个固定架 | 左手先取固定架用手拧到对应位置，同时右手用电动起子锁紧 | 37 | 1.05 | 5.0 |
| 4 | 组装 1 片内存条 | 双手从右上方的料盒里取内存条确定 DC 和厂商后组装到产品的指定位置 | 39 | 1.05 | 5.3 |
| 5 | 组装 1 件散热片 | 右手取 1 件散热片，左手将其底部的胶纸撕去后摆放到产品的指定位置，右手取起子将散热片的固定 PIN 压入 PCBA | 53 | 1.05 | 7.2 |
| 6 | 组装 1 个导光柱 | 右手取 1 个导光柱放到笼箱上，压下卡扣 | 19 | 1.05 | 2.6 |
| 7 | 组装 1 个电池 | 取一个电池安装到产品的指定位置 | 16 | 1.05 | 2.2 |
| 8 | 万用表测电池电压 | 右手取右上方万用表两测试笔测电池电压，用完后将表笔放回原位 | 29 | 1.05 | 3.9 |
| 9 | 从台车取板，放到工作桌 | 转身左手抽出拖盘，右手取板子转身放到工作桌上，这里不包括目检产品 | 28 | 1.05 | 3.8 |
| 10 | 从台车取板放到夹具 | 转身左手抽出拖盘，右手取板子转身放到夹具上 | 32 | 1.05 | 4.3 |
| 11 | 从流水线取板放到夹具上 | 从流水线取板放到夹具上 | 14 | 1.05 | 1.9 |
| 12 | 从流水线取板放到工作桌上 | 从流水线取板子放到工作桌上 | 9 | 1.05 | 1.2 |
| 13 | 将板放到流水线上 | 将板放到流水线上 | 15 | 1.05 | 2.0 |
| 14 | 将板子放入台车 | 转身右手抽出拖盘，左手取板子转身放到治具上，这里不包括目检产品 | 23 | 1.05 | 3.1 |
| 15 | 盖治具上盖 | 盖治具上盖，这里一般是指压散热片夹具 | 11 | 1.05 | 1.5 |
| 16 | 组装散热片的辅助动作 | 将起子放回到原位，取下散热片固定架 | 17 | 1.05 | 2.3 |

表 9 - 13　标准工作单元的 MOD 分析表

| 机种名称 | 工站名称 | 压 Nut | | 生产能力/(片/时) | | 1 |
|---|---|---|---|---|---|---|
| 工站简述 | PCBA 已置于治具内：拿 1 颗螺母，将螺母放于孔位上，调整对准压头位置，压合到位，双手取板 | | | 标准周期/s | | 7.9 |
| | | | | 设备作业率 | | 不适用 |
| | | | | 人员作业率 | | 100.0% |
| 备注 | 1. 疲劳宽放：8.3%（每 2 小时休息 10 分钟：(5/60)×100%=8.3%）<br>2. 政策宽放：5%<br>3. 程序宽放：5%<br>4. 私事宽放及特别宽放：根据不同的动作及实际作业情况制定，详细宽放值见动作分析表 | | | 人数/人 | | 1 |
| | | | | 工站 MOD | | 49 |
| | | | | 纯测试时间/s | | 不适用 |

宽放合计　18.3%

| 疲劳宽放 | 8.3% |
|---|---|
| 政策宽放 | 5.0% |
| 程序宽放 | 5.0% |
| 基本周期/s | 6.6 |
| 3600/标准周期 | 458.5 |
| 批量每周期 | 1 |

详细类别事项

| 单元 | 简述 | 左手动作 | MOD表达式 | 右手动作 | MOD表达式 | MOD值 | 宽放率/% | 转化 秒 | 操作 标准/s | 单位 MOD | 单元标准/s |
|---|---|---|---|---|---|---|---|---|---|---|---|
| 1 | 取 1 颗螺母放到 PCBA 上 | | | 从料盒采取 1 颗螺母放到产品指定位置 | M4G3M4P2R2 | 15 | 1.05 | 1.9 | 2.0 | 15 | 20 |
| | | | M4G0M3P2D3R2 | | | 14 | 1.05 | 1.8 | 1.9 | | |
| | | | | | | | | 0.0 | 0.0 | | |
| | | | | | | | | 0.0 | 0.0 | | |
| | | | | | | | | 0.0 | 0.0 | | |
| 2 | 压合作业 | 双手将治具推至压合位置 | | 压下手啤机手柄 | M4G2M3P0E2D3A4M2P0 | 20 | 1.05 | 2.6 | 2.7 | 34 | 4.6 |
| | | | | | | | | 0.0 | 0.0 | | |
| | | | | | | | | 0.0 | 0.0 | | |
| 3 | | | | | | | | 0.0 | 0.0 | 0 | 0.0 |
| | | | | | | | | 0.0 | 0.0 | | |
| | | | | | | | | 0.0 | 0.0 | | |

**2. 标准作业指导书**

标准作业指导书（Standard Operation Procedure，SOP）是以文件的形式描述作业员在生产作业过程中的操作步骤和应遵守的事项的。SOP 是作业员的作业指导书，也是检验员用于指导工作的依据。在 18 世纪或作坊手工业时代，制作一件成品往往工序很少，或分工很粗，甚至从头至尾是一个人完成的，其人员的培训是以学徒形式通过长时间的学习实践来实现的。随着工业革命的兴起，生产规模不断扩大，产品日益复杂，分工日益明细，品质成本急剧增高，各工序的管理日益困难。如果只是依靠口头传承操作方法，已无法控制制程品质，采用学徒形式培训已不能适应规模化的生产要求。因此，必须以作业指导书形式统一各工序的操作步骤及方法。

SOP 能起到经验传承的作用，将企业积累下来的技术、经验，记录在标准文件中，以免因技术人员的流动而使技术流失。SOP 能使操作人员经过短期培训，快速掌握较为先进合理的操作技术；根据 SOP 易于追查不良品产生的原因；SOP 可以树立良好的生产形象，取得客户信赖与满意；SOP 也是贯彻 ISO 精神核心（说、写、做一致）的具体体现，实现生产管理规范化，生产流程条理化、标准化、形象化、简单化。SOP 是企业最基本、最有效的管理工具和技术资料。

从生产现实的需要角度来说，需要 SOP。SOP 回答了工人做什么、怎样做的问题，而且以纸质的形式存在，避免了信息的失真，可促进生产现场管理的标准化、规范化和操作简单化，也使得工人的每一个动作都有标准，每一个工作站有可以管理的值（如烙铁温度、电批力矩等），而且准确无误。从质量管理体系的角度来说，需要 SOP。ISO9000 质量管理标准的精髓是"写你所做，做你所写"，它要求员工的操作必须按文件进行。这样，可便于检查员及生产管理人员监控，也便于新员工迅速掌握操作要领。ISO9001:2000 版在 7.5.1.b 中已明确要求生产现场应"具备作业指导书"。SOP 属于品质管理体系文件中的三级（WI）文件（见图 9-5）。

图 9-5　标准作业指导书的地位

SOP 的形式多种多样，但是基本内容是相似的。SOP 的内容可以包括单个部分，表头、表中和表尾（见图 9-6）。在图 9-6 中，表头信息包括前三行的信息，主要参数为工位及其操作的基本信息。表尾是最后一行的信息，主要阐述该作业指导书本身的信息，如谁制定、谁审核等。表中信息是作业指导书的主体，一般包括七个部分的信息，即使用材料、操作前准备、使用工具、操作说明、技术要求、注意事项和图示。图 9-7 给出了实际应用中的一个 SOP 相应示例，图中 PCS 表示件/个/片，是计量单位。图 9-8 也是实际中常用的标准作业指导书的格式和内容，图 9-9 是一个实际的工业应用示例。

| 产品装配作业指导书 | | | 工位内容：XXXXXXXXXXX | | | | | | |
|---|---|---|---|---|---|---|---|---|---|
| 料号 | XXX | 总人数 | XX | 版次 | XXX | 标准工时（s/pcs） | XXX | 文件编号 | XXX |
| 产品名称 | XXXXXX | 工位人数 | XX | 工位号 | XXX | 标准产量（pcs/h） | XXX | 工位名称 | XXX |

| 1. 使用材料 | | | 4. 操作说明： | 7. 图示 |
|---|---|---|---|---|
| 配件名称 | 物料编码 | 单件用量 | | |
| | | | | |
| | | | | |
| | | | | |
| 2. 操作前准备 | | | | |
| | | | 5. 技术要求 | |
| | | | | |
| 3. 使用工具 | | | | |
| | | | 6. 注意事项 | |
| | | | | |
| | | | | |

编制者：　　　　　　　　　　　　审核者：

图 9-6　SOP 格式（一）

| 产品装配作业指导书 | | | | | | | | 工位内容：XXXXXX | |
|---|---|---|---|---|---|---|---|---|---|
| 料号 | XXX | 总人数 | XX | 版次 | XX | 标准工时(s/pcs) | XX | 文件编号 | XXX |
| 产品名称 | XXXXXX | 工位人数 | X | 工位号 | X | 标准产量(pcs/h) | XX | 工位名称 | XX |

| 1. 使用材料 | | | 4. 操作说明： | 7. 图示 |
|---|---|---|---|---|
| 配件名称 | 物料编码 | 单件用量 | 1. 准备好转动轴套、内六角螺丝、M6六角螺母于工位前(见图1)；<br>2. 自检待装配部件有无不良品质项，将挑出的不良部件分开放于指定位置；<br>3. 将上两个工序装配好的支架底座组件和吸板固定座组件如图2所示孔位对好；<br>4. 如图3所示从孔位处放入转动轴套；<br>5. 如图4所示再放入内六角螺丝；<br>6. 如图5所示左手拇指抵住螺丝端部，右手拿六角螺母旋入螺丝另端(见图6)；<br>7. 左手用小扳手卡住螺母，右手用内六角扳手紧固螺丝(见图7)；<br>8. 将装配好吸板组伯摆放在托盘内流入下工序待装配。 | 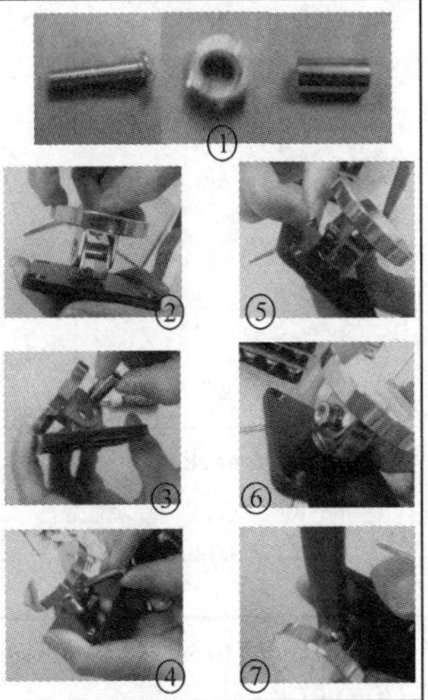 |
| 转动轴套 | | 1 | | |
| 内六角螺丝 M6×24.5 | | 1 | | |
| M6六角螺母 | | 1 | | |
| 2. 操作前准备 | | | 5. 技术要求 | |
| 1. 领取作业指导书/图纸/样件作参照，确认生产物料及生产工具；<br>2. 按照作业指导书排拉，并调试好所有设备和夹/治具；<br>3. 生产前确认首件，并了解产品工序工艺相关操作方法和品质要求； | | | 1. 锁螺丝螺母时要求紧固到位；<br>2. 注意锁螺丝螺母时不要弄花弄伤产品。 | |
| 3. 使用工具 | | | 6. 注意事项 | |
| 1 | 4.0mm内六角扳手 | | 1. 不良品必须单独摆放并做好标示待管理人员统一处理；<br>2. 保持台面整洁，注意工作区域5S。 | |
| 2 | 小扳手 | | | |
| 3 | | | | |

编制：　　　　　　　　　　　　审核：

图 9-7　SOP 示例（一）

## 作业指导书(WORK INSTRUCTION)

| 产品名称及编号(P/N): | |
|---|---|
| 作业项目(operation item): | 作业参考时间(Ref time): |
| 使用工具(equipment): | |

图示(photo):

作业程序(operating procedure):

工序名称

注意事项(remark):

| 制程设计(prepare): | 生产审核(review): | 批准(approve): |
|---|---|---|
| 日期(date): | 品质审核(review): | 日期(date): |

图 9-8 SOP 格式(二)

# 作业指导书

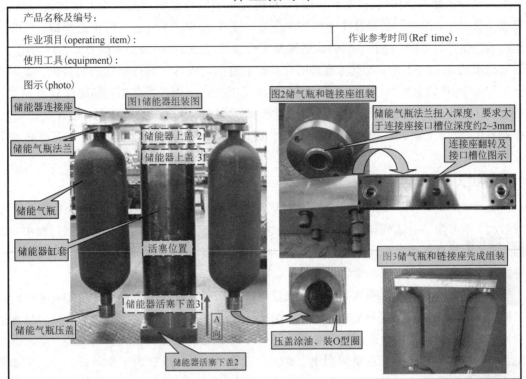

| 产品名称及编号: |
|---|

| 作业项目(operating item): | 作业参考时间(Ref time): |
|---|---|

使用工具(equipment):

图示(photo)

**图1储能器组装图**

储能器连接座
储能气瓶法兰
储能气瓶
储能器缸套
储能气瓶压盖
储能器上盖 2
储能器上盖 3
活塞位置
储能器活塞下盖3
储能器活塞下盖2
A 向

**图2储气瓶和链接座组装**
储能气瓶法兰扭入深度，要求大于连接座接口槽位深度约2~3mm
连接座翻转及接口槽位图示
压盖涂油、装O型圈

**图3储气瓶和链接座完成组装**

作业程序(operating procedure):

安装部件准备及连接座和储能器瓶组装:

1. 如图1，清洗、清理储能器组装所需各部件，做到表面无油污、无毛刺、密封件不能有刮痕、损伤现象,特别是缸套和上下盖的螺纹要清理毛刺，检查螺纹是否有变形或碰伤并修复;

2. 给储能器压盖底部及内壁涂一定量的锂基润滑脂，放入O型圈，旋入储能器瓶螺纹一端，用管钳扭紧;

3. 给储能器法兰螺纹内壁涂适量润滑油，旋入储能器瓶另一端螺纹，法兰旋入深度见图2;

4. 如图2，连接座孔位底部及内壁涂一定量的锂基润滑脂，放入O型圈;

5. 放平储能器瓶，法兰一边用木板撑起约10cm，法兰螺丝孔位和连接板孔位对齐，进行组装，并用M16×90MM的防松螺丝带θ16弹簧垫圈进行紧固;

6. 用同样的方法组装另一边储能气瓶，完成后如图3所示。

注意事项(remark):

1. 连接座和法兰锁紧，中间会有 2~3mm的缝隙，螺丝收紧时务必对称均衡受力，保证密封不露气;

2. O型圈及螺丝型号使用一定正确，紧固部分需参照加力规范进行加力。

| 制程设计(prepare): | 生产审核(review): | 批准(approve): |
|---|---|---|
| 日期(date): | 品质审核(review): | 日期(date): |

图 9 - 9　SOP 示例(二)

　　无论采用哪种格式，SOP 包含的核心内容是相同的。为了维护 SOP 的权威性，SOP 统一由制程管制部门制作（包括变更修改），制程管制部门根据新产品和新系统试运行情况，完成工位排序、图片的拍摄及作业内容的制定，完成 SOP，作为量产的作业依据。SOP 制作后需经生产、工程、品管签核确认后送至文控发行，使用部门根据实际需要申请使用。

　　SOP 力求一目了然，使员工容易明白，易于遵守，从而达到目视管理的目标。要向作业员详解 SOP 的重要性；在生产前，按标准对员工进行培训；生产作业标准应放置在工作场所，以便员工生产时参照，管理员指导时核查；严格按照 SOP 要求执行，当有设计更改，作业程序/方法变动、工具变动或管理要求更改时，应提出需求申请变更，不得私自修改 SOP。

### 3. 工人培训计划

　　通过 MODAPTS，获得了预设标准时间，但刚开始时，工人对新工位的操作有一个学习过程，不可能马上达到预设时间。因此，这个时候，需要对工人达到标准时间需要多长时间，或者说需要操作多少次才能达到标准时间进行测定，并一次确定试运行所需的时间。解决这个问题的有力工具是学习曲线。

　　学习曲线又称为熟悉曲线，是指在大量生产周期中，随着生产产量的增加，单件产品的制造工时逐渐减少的一种变化曲线。单件产品的制造工时之所以会随着生产量的增加而降低，是由于操作者在制造过程中通过学习和多次反复的练习积累经验的结果。学习曲线是将学习的效果定量的画在坐标图上，横轴表示学习次数，纵轴表示学习效果。在工业使用中，学习次数通常用累计产品产量来表示，学习效果用累计平均工时来表示，因此，学习曲线表示了产品制造工时与累计产量之间的变化规律（见图 9-10）。

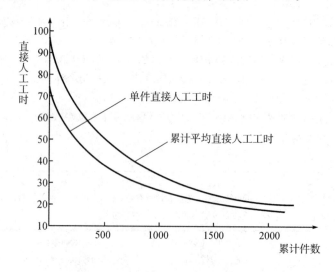

图 9-10　工时与累计产量之间关系

　　莱特公式定量地描述了产量和工时之间的关系。按上述学习曲线现象所反映的规律，它的变化呈指数函数关系可用以下关系式来表示：

$$Y = KC^n, \quad X = 2^n$$

式中：$Y$ 为生产第 $X$ 台（件）产品的工时；$K$ 为生产第 1 台（件）产品的工时；$C$ 为工时递减率或学习率；$X$ 为累计生产的台（件）数；$n$ 为累计产量翻番指数。

对上面两式取对数，可得莱特公式：

$$Y = KX^{-a}, a = -\frac{\lg C}{2}$$

式中：$a$ 为学习系数，其值可在表 9-14 中查到。

**表 9-14　学习率与学习系数对应值**

| 学习率 | 学习系数 $a$ | 学习率 | 学习级数 $a$ | 学习率 | 学习系数 $a$ |
|---|---|---|---|---|---|
| 51% | -0.97143 | 68% | -0.55639 | 84% | -0.25153 |
| 52% | -0.94341 | 69% | -0.55533 | 85% | -0.23446 |
| 53% | -0.91593 | 70% | -0.51457 | 86% | -0.21759 |
| 54% | -0.88896 | 71% | -0.49410 | 87% | -0.20091 |
| 55% | -0.86249 | 72% | -0.47393 | 88% | -0.18442 |
| 56% | -0.83650 | 73% | -0.45403 | 89% | -0.16812 |
| 57% | -0.81096 | 74% | -0.43440 | 90% | -0.15200 |
| 58% | -0.78587 | 75% | -0.41503 | 91% | -0.13606 |
| 59% | -0.76121 | 76% | -0.39592 | 92% | -0.12029 |
| 60% | -0.73696 | 77% | -0.37706 | 93% | -0.10469 |
| 61% | -0.71311 | 78% | -0.35845 | 94% | -0.08926 |
| 62% | -0.68965 | 79% | -0.38007 | 95% | -0.07400 |
| 63% | -0.66657 | 80% | -0.32192 | 96% | -0.05889 |
| 64% | -0.64385 | 81% | -0.30400 | 97% | -0.04394 |
| 65% | -0.62148 | 82% | -0.28630 | 98% | -0.02918 |
| 66% | -0.69946 | 83% | -0.26881 | 99% | -0.01449 |
| 67% | -0.57776 | 84% | -0.25153 | 100% | -0.00000 |

莱特公式表示了学习效果即累计平均工时 $Y$ 随累计产量 $X$（即学习次数）变化的情况，其图形如图 9-11 所示。表 9-15 分别给出了学习率为 90%、80% 和 70% 的学习改进比例数值。

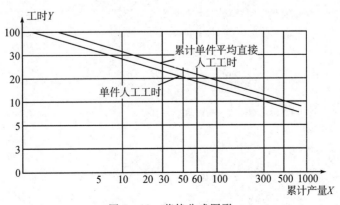

图 9-11　莱特公式图形

**表 9-15　学习改进比例**

| 件数 | 学习率 90% | 学习率 80% | 学习率 70% | 件数 | 学习率 90% | 学习率 80% | 学习率 70% |
|------|-----------|-----------|-----------|------|-----------|-----------|-----------|
| 1 | 1.0000 | 1.0000 | 1.0000 | 11 | 0.6946 | 0.4621 | 0.2912 |
| 2 | 0.9000 | 0.8000 | 0.7000 | 12 | 0.6854 | 0.4493 | 0.2784 |
| 3 | 0.8462 | 0.7021 | 0.5682 | 13 | 0.6771 | 0.4379 | 0.2672 |
| 4 | 0.8100 | 0.6400 | 0.4900 | 14 | 0.6696 | 0.4276 | 0.2572 |
| 5 | 0.7830 | 0.5956 | 0.4368 | 15 | 0.6626 | 0.4182 | 0.2482 |
| 6 | 0.7616 | 0.5617 | 0.3977 | 16 | 0.6561 | 0.4096 | 0.2401 |
| 7 | 0.7439 | 0.5345 | 0.3674 | 17 | 0.6501 | 0.4017 | 0.2327 |
| 8 | 0.7290 | 0.5120 | 0.3430 | 18 | 0.6445 | 0.3944 | 0.2260 |
| 9 | 0.7161 | 0.4929 | 0.3228 | 19 | 0.6392 | 0.3876 | 0.2198 |
| 10 | 0.7047 | 0.4765 | 0.3058 | 20 | 0.6342 | 0.3812 | 0.2141 |

　　国外专家学者研究表明，学习率的范围在 50%～100% 之间。当人工作业时间与机器加工时间比例为 1∶1 时，学习率约为 85%；当人工作业时间与机器加工时间比例为 3∶1 时，学习率约为 80%；当人工作业时间与机器加工时间比例为 1∶3 时，学习率约为 90%；当机器完全处于高度自动化状态加工零件时，无需人工作业配合，则学习率为 100%，它意味着加工一批零件的第 1 件产品与加工最后 1 件产品的工时相同。由此可见，人工作业时间所占比例越大，学习率越低，学习系数越大，反之则学习率越高，学习系数越小。工程实际应用中，通常学习率大约在 75%～95% 之间变动。

　　在装配系统试运行阶段，要想知道工人训练多少次可以达到预设标准时间，必须已知学习系数 $a$，而 $a$ 与学习率 $C$ 存在一定的关系。因此若能确定学习率 $C$，就可求得学习系数 $a$。由莱特公式可知，$K$ 为生产第 1 件产品的工时，可通过实际观测得到，$a$ 为学习系数，是一个参数。如果对生产情况进行现场观测，则求得参数 $a$ 的估计值，从而求得学习率 $C$。

　　**例 9-1**　已知某工站装配第 1 台的时间为 300 s，装配第 10 台的时间为 200 s，预设标准时间为 158 s。问需要训练多少次，才能达到预设使时间标准。

　　**解**　由已知条件可得

$$Y_1 = K \cdot 1^{-a} = 300$$
$$Y_{10} = K \cdot 10^{-a} = 200$$

从而

$$\frac{Y_{10}}{Y_1} = \frac{200}{300} = \left(\frac{10}{1}\right)^{-a}$$
$$0.67 = 10^{-a}$$
$$a = 0.174$$

故莱特计算公式为

$$Y = KX^{-a} = 300X^{-0.174}$$

将预设标准时间代入可得

$$158 = 300X^{-0.174}$$

解得

$$X = 39.8$$

故该工位需要学习训练 40 次方可达到预设标准时间，前面已经训练了 10 次，还需训练 30 次。

## 9.4　小　　结

试运行成功结束后，装配系统就可进入生产运作阶段。装配系统通过生产计划与控制、服务与维护、重构等活动，日日运行。在这个过程中，需要根据订单和市场预期的变化，不断对装配系统进行适应性改善，主要任务是生产过程监控与分析、绩效计算评估、持续改进。从可持续和环境相容方面考虑，装配系统设施的重用是一个重要的过程，该过程一般以修复、退役、重用、再使用和回收的顺序完成。

另外，从项目角度来说，文档化是一个非常重要的工作。文档化的工作包括整个装配设施与内容、流程、单个规划、决策和批准有关的最重要的记录和文档。除了客户、承包商和合作伙伴提供的信息之外，还包括合作伙伴关于项目计划/执行/实施的文件、任务定义/规范/决策、技术流程和设施的真实布局、与整个项目和组织有关的程序和过程、开发的解决方案（想法/计算/草图/图纸/模型/图表和子项目）、咨询和协议文件（客户/承包商）、条件/许可/当局的批准文、任务定义/标书/报价/评价和报价选择、文件/信函/摄影材料（包括数字形式）、报告（试运行/启动）、验收/凭证/交接记录、审批文件、盈利能力评估/状态报告等。在运作过程中的修订、变更和其他规范是文档化的一部分。

## 习　　题

1. 装配系统的实施大致包括哪些阶段？
2. 装配系统实施的合同阶段中，招标投标有何特征？招标投标活动实施分几阶段进行？
3. 装配系统实施的试运行阶段中的主要工作有哪些？
4. 标准作业指导书一般包含哪些内容？
5. 生产第一件产品需 10 h，其学习率为 95%，求：
(1) 生产第 51 件产品的工时为多少？
(2) 生产前 100 件产品的平均工时为多少？
(3) 设产品的标准时间为 7 h，要生产多少件产品才能达到标准时间？

# 参 考 文 献

[1] SCHENK M, et al. Factory planning manual[M]. Berlin：Springer-Verlag, 2010.

[2] SCHENK M, WIRTH S. Fabrikplanning und Fabrikbetrieb[M]. Berlin：Springer-Verlag, 2004.

[3] 郑永前，等. 生产系统工程[M]. 北京：机械工业出版社，2011.

[4] MARK S S, ERNEST J M. Human factors in engineering anddesign[M]. 北京：清华大学出版社，2002.

[5] SHTUB A, BARD J F, GLOBERSON S. Project management：process, methodologies and economics[M]. 北京：清华大学出版社，2006.

[6] 何健廉，陈加栋，马海波. 柔性装配系统的设计与实现[M]. 北京：清华大学出版社，2000.

[7] 刘德忠，费仁元，HESSE S. 装配自动化[M]. 北京：机械工业出版社，2007.

[8] 布斯罗伊德，杜赫斯特，奈特. 面向制造及装配的产品设计[M]. 林宋，译. 北京：机械工业出版社，2015.

[9] 布斯罗伊德. 装配自动化与产品设计[M]. 熊永家，山传文，娄文忠，译. 北京：机械工业出版社，2009.

[10] 刘胜军. 精益"一个流"单元生产[M]. 深圳：海天出版社，2009.

[11] 李京山，密尔科夫. 生产系统工程[M]. 张亮，译. 北京：北京理工大学出版社，2012.

[12] SPATH D, SCHOLTZ O, RALLY P. Decision support for the selection of efficient assembly system shapes for small products[J]. 20th International Conference on Production Research，2009.

[13] STEFFEN K, SPATH D. Classification of assembly parts for procurement processes and production logistics[J]. 21st International Conference on Production Research, 2011.

[14] 欧文 A E. 柔性装配系统[M]. 北京：机械工业出版社，1991.

[15] 门田安弘. 新丰田生产方式[M]. 王瑞珠，译. 保定：河北大学出版社，2012.

[16] 酒卷久. 佳能细胞式生产方式[M]. 杨洁，译. 上海：东方出版社，2006.

[17] 崔继耀. 单元生产方式[M]. 广州：广东经济出版社，2005.

[18] KONDOLEON A S. Application of technology-economic model of assembly techniques to programmable assembly machine configurations[D]. Cambridge：Massachusetts Institute of Technology, 1976.

[19] 易树平，郭伏. 基础工业工程[M]. 北京：机械工业出版社，2015.

[20] 陈荣秋，马士华. 生产运作管理[M]. 北京：机械工业出版社，2013.

[21] 克劳森. 装配工艺：精加工，封装和自动化[M]. 熊永家，娄文忠，译. 北京：机械工业出版社，2008.

[22] 安维周，刘利军. 工厂作业环境管理[M]. 北京：中国时代经济出版社，2008.

[23] 龙伟. 生产自动化[M]. 北京：科学出版社，2011.

[24] 沈向东. 柔性制造技术[M]. 北京：机械工业出版社，2013.

[25] 邓洪军. 焊接结构生产[M]. 北京：机械工业出版社，2013.

[26] BATTINI D, FACCIO M, PERSONA A, et al. Design of the optimal feeding policy in an assembly system[J]. International Journal of Production Economics, 2009, 121(1)：233 - 254.

[27] MATT D T. Design of a scalable assembly system for product variety：a case study[J]. Assembly Automation, 2013, 33(2)：117 - 126.

[28] HOPP W J, SPEARMAN M L. 工厂物理学[M]. 北京：清华大学出版社，2002.